Nisreen Waleed Mustafa
Wafaa Sadoon Shani

Diagnóstico da hidatidose com novos kits ELISA

Nisreen Waleed Mustafa
Wafaa Sadoon Shani

Diagnóstico da hidatidose com novos kits ELISA

Avaliação da eficácia de alguns antigénios purificados do quisto hidático no serodiagnóstico e imunização na província de Basra

ScienciaScripts

Imprint

Cover image: www.ingimage.com

This book is a translation from the original published under ISBN 978-620-7-99827-2.

Publisher:
Sciencia Scripts
is a trademark of
Dodo Books Indian Ocean Ltd. and OmniScriptum S.R.L publishing group

120 High Road, East Finchley, London, N2 9ED, United Kingdom
Str. Armeneasca 28/1, office 1, Chisinau MD-2012, Republic of Moldova, Europe
Managing Directors: Ieva Konstantinova, Victoria Ursu
info@omniscriptum.com

Printed at: see last page
ISBN: 978-620-8-53534-6

Conteúdo

Dedicação...

Aos meus generosos e queridos pais pelo seu amor, apoio e paciência

Aos meus queridos irmãos (Haider e Khalid) e à minha irmã (Suha)

Agradecimentos

Os meus profundos elogios e agradecimentos devem ser dirigidos, em primeiro lugar, a Alá, que me apoiou e me deu força ao longo deste trabalho, durante este período tão crítico e difícil.

Gostaria de expressar os meus agradecimentos e total apreço à minha orientadora, a Prof.ª Dr.ª Wafaa S. Shani, que não esquecerei a sua amável ajuda e orientação ao longo da investigação. Aprecio muito a sua amabilidade e encontro sempre uma porta aberta, uma elevada supervisão científica e uma paciência infinita no acompanhamento da investigação.

Este projeto não teria sido possível sem o esforço e o apoio financeiro do Diretor da Faculdade de Ciências, Prof. Dr. Filhi Abd Al-Hassan, e extremamente grato ao Chefe do Departamento de Biologia, Prof. Dr. Muslem Abdul Rahman, a quem estou eternamente grato.

Gostaria de exprimir os meus profundos e sinceros agradecimentos ao Sr. Zaid Nabeel / Medical Technical College / Irbil, pela sua ajuda e encorajamento contínuos. Expresso também os meus agradecimentos ao Dr. Nabeel Elia / Faculdade de Medicina / Universidade de Irbil e ao Dr. Awatif Issa / Faculdade de Ciências / Universidade de Bassorá pela sua amável cooperação e por ter disponibilizado instalações adequadas durante este trabalho.

Um agradecimento especial ao Dr. Waleed Rodeen/ Faculdade de Economia e Gestão por me ter ajudado a efetuar a análise estatística. Estou grato à Dra. Wijdan N. AL-Musawi, Faculdade de Medicina/ Basra, pela sua ajuda. Gostaria de agradecer ao pessoal do laboratório de Genética e Biologia Molecular da Faculdade de Agricultura, especialmente ao Prof. Dr. Talib A. Jaayid, ao Sr. Jaffer Mohammad e à Sra. Zahraa Haider pela sua amável cooperação e ao Dr. Afrodet Abdul Razaq, do Departamento de Química da Faculdade de Ciências, que me ajudou a compreender as técnicas bioquímicas. Os meus agradecimentos a Haji Ali Amar do matadouro de Basra, à Dra. Muna Anwar/ Hospital Geral de Basra, ao Sr. Mohamad Al-Helfi, à Sra. Sura Oqab, ao Sr. Majed Ahmad e a Khazaal laabi do Hospital Universitário pela sua ajuda durante a recolha de amostras. Os nossos agradecimentos também ao Sr. Dhaher Abdelall /College of Science/ Basra pela sua ajuda.

Os meus agradecimentos são extensivos a todos os meus amigos e colegas, especialmente a Shaemma Abd-Alrazaq, Ruaa Salah, Amjad Rodeen , Karzan Omar e Saja Majid, pela sua ajuda e apoio moral. Por último, gostaria de expressar a minha gratidão à minha família (os meus pais, a minha irmã Suha, os meus irmãos Khalid e Haider) pela sua paciência e compreensão durante este trabalho.

Nisreen

Resumo

Este estudo teve como objetivo preparar diferentes antigénios para detetar a sua eficácia no diagnóstico da hidatidose. Para o efeito, foram colhidos quistos hidáticos do fígado de ovelhas infectadas e foram colhidos soros de doentes com hidatidose. Este estudo incluiu 80 soros colhidos de doentes com hidatidose, 40 soros de controlos saudáveis e 10 soros de doentes com outras infecções parasitárias.

O antigénio B (AgB) foi purificado a partir do líquido hidático através da técnica de cromatografia de permuta aniónica e depois tratado electroforeticamente para isolar as suas bandas (AgB de 8 kDa, 16 kDa e 24 kDa), utilizando-as como antigénios, para além do antigénio purificado a partir de protocoleces (antigénio somático solúvel de protocoleces PSSA).

Foram incluídos neste estudo cinco antigénios, cada um dos quais foi examinado com três imunoglobulinas (IgG total, IgG1 e IgG4) utilizando o método ELISA de titulação em tabuleiro de xadrez para determinar a melhor concentração de antigénios e as diluições da área para a preparação de kits de diagnóstico. Em seguida, foi utilizado o método ELISA indireto para avaliar os valores de desempenho de diagnóstico (DPV) (sensibilidade, especificidade, eficiência de diagnóstico, valor preditivo positivo e valor preditivo negativo) de acordo com o valor de corte de cada antigénio com IgG total e a sua subclasse (IgG1 e IgG4).

A eficiência de diagnóstico (De%) para o AgB foi testada com IgG total, IgG1 e IgG4 e foi de (73,333 , 87,5 e 90)%, respetivamente. As subunidades do AgB (8, 16 e 24) kDa registaram o DPV mais elevado. A De% da subunidade)8,16 e 24) kDa do AgB examinada com IgG total, IgG1 e IgG4 foi de (94,116, 95,833 e 99,116)%; (94,116, 95 e 97,5)% e (94,116, 95 e 96,666)%, respetivamente. A De% mais baixa foi registada com o PSSA (42,5, 89,166 e 87,5)% quando testado com IgG total, IgG1 e IgG4, respetivamente. Em comparação com o kit ELISA comercial (utilizado num laboratório privado para o diagnóstico da hidatidose), a subunidade de 8 kDa do AgB com IgG4 foi a melhor, enquanto a subunidade de 16 kDa do AgB com IgG4 deu os mesmos resultados que o kit comercial.

De acordo com o DPV para 15 kits preparados, o que contém a subunidade 8kDa do AgB e IgG4 é o melhor entre eles e o resultado obtido a partir da curva ROC mostrou que a subunidade 8 kDa registou uma maior precisão de diagnóstico quando testada com IgG4 e IgG1. Além disso, este estudo incluiu a imunização de coelhos com AgB e os resultados indicaram que o AgB tem a capacidade de modular a resposta imunitária no sentido da tendência Th2 em coelhos imunizados, uma vez que se registou uma elevação significativa da concentração total de IgG, IL-10 e uma diminuição significativa da concentração de *IFN-γ*.

Capítulo 1

Introdução e revisão da literatura

1.1 Introdução

A hidatidose cística é uma doença helmíntica amplamente endémica causada pela infeção com metacestodes (fase larvar) da ténia *Echinococcus granulosus*. Afecta os seres humanos e uma vasta gama de espécies pecuárias. A doença é caracterizada pelo crescimento nos órgãos internos do hospedeiro, principalmente no fígado e nos pulmões, de quistos uniloculares cheios de líquido e de crescimento constante, rodeados por uma parede de quisto hidático de duas camadas. Os seres humanos e os animais infectados perdem as suas capacidades funcionais normais, o que leva a enormes perdas económicas (Himsworth *et al.*, 2010).

A principal caraterística da relação hospedeiro-parasita é a coexistência da infeção crónica com respostas humorais e celulares detectáveis contra o parasita. A sobrevivência do parasita *in vivo* depende de mecanismos de evasão eficientes que começam a funcionar à medida que o parasita evolui para um quisto hidático. Normalmente, desenvolve-se uma cápsula fibrótica do hospedeiro de espessura variável, formando assim, juntamente com a camada celular laminada derivada do parasita, uma estrutura cística formidável. Consequentemente, a camada germinativa em divisão ativa no interior do quisto, juntamente com a cápsula de criação associada e as protoscoleces fechadas, são efetivamente sequestradas das respostas imunitárias do hospedeiro. Para além desta barreira física, o quisto hidático desenvolveu provavelmente outras estratégias de evasão imunitária. Embora modelos mais antigos sugerissem um papel mais passivo para os parasitas na evasão imunitária, por exemplo, sequestro, mascaramento antigénico por proteínas do hospedeiro e imunossupressão global, os estudos sugerem que, na parasitose humana, há uma utilização ativa de estratégias que manipulam e exploram a resposta do hospedeiro (Ramzy *et al.*, 1999).

O E. granulosus aumenta as respostas humoral e celular no seu hospedeiro intermediário. As respostas humorais resultam na produção de imunoglobulinas que são importantes para o diagnóstico da doença. No entanto, também ocorrem respostas celulares no hospedeiro infetado, que são critérios importantes para a prevenção da doença. Quantidades proeminentes de interferão gama (IFN-γ), interleucina-4 (IL-4), IL-5, IL-6 e IL-10 observadas na maioria dos doentes com hidatidose apoiam a ativação de células Thl e Th2 em doentes com CE. Em particular, a ativação das células Thl parece estar mais relacionada com a imunidade protetora, enquanto a ativação das células Th2 está associada à suscetibilidade à doença (Zhang *et al.*,2003).

O diagnóstico da hidatidose quística por métodos convencionais é difícil devido à ausência de um teste específico para o parasita ou de sintomas clínicos adequados, especialmente nas fases iniciais da doença. As técnicas de imagiologia, como os ultra-sons (US) e a tomografia computorizada (CT) detectam quistos bem estabelecidos. Por conseguinte, a serologia continua a ser o melhor método de diagnóstico da doença, principalmente nas fases iniciais (Moro *et al.*,2005).

Foram utilizadas várias técnicas serológicas para a deteção da doença hidática. O ensaio de hemaglutinação indireta (IHA) e o ensaio de imunoabsorção enzimática (ELISA) são os mais utilizados atualmente (Nasrieh e Abdel-Hafez, 2004).

Os principais problemas para o serodiagnóstico da EC são frequentemente o desempenho insatisfatório dos testes disponíveis e as dificuldades associadas à normalização das preparações antigénicas e das técnicas. Para ultrapassar estas desvantagens, devem estar disponíveis antigénios e componentes antigénicos altamente sensíveis e específicos derivados de diferentes fases de desenvolvimento do *E. granulosus*. A utilização de uma fonte adequada de material antigénico é crucial nos testes de serodiagnóstico (Zhang *et al.*, 2003).

Diferentes componentes do quisto hidático, incluindo protoscoleces e líquido hidático, são utilizados como fonte antigénica no serodiagnóstico da doença hidática. Embora o líquido hidático seja o mais frequentemente utilizado como fonte de antigénios para testes de serodiagnóstico de rotina, a presença de componentes do hospedeiro e antigénios partilhados com outros parasitas neste líquido cria um grande problema no diagnóstico da doença (Mahmoud e Abou-Gamra ,2004) .

O antigénio B (AgB), o principal antigénio do *E. granulosus*, é uma lipoproteína polimérica termoestável que constitui até 10% do fluido hidático. O AgB tem recebido muita atenção devido à sua elevada imunogenicidade e especificidade (Chemale *et al.*,2005).

A espécie *E. granulosus* inclui uma série de variantes intra-específicas ou estirpes que diferem em caraterísticas biológicas como a especificidade do hospedeiro intermediário, a taxa de desenvolvimento e a infecciosidade para os seres humanos. As estirpes (G1- G10) são designadas de acordo com o seu hospedeiro intermediário mais comummente identificado e classificadas por sequenciação do gene mitocondrial (Snabel *et al.*,2000).

A variante genética do *E. granulosus* pode também existir no gene que codifica o antigénio. A comparação de protídeos executórios/secretores do líquido hidático de *E. granulosus* de vários hospedeiros mostrou alguns padrões diferentes. A análise das sequências relacionadas com o AgB revelou variações entre parasitas com diferentes hospedeiros e origem geográfica (Rott *et al.*,2000).

1 .2 Objetivo do estudo

O objetivo do estudo baseou-se em alguns factos associados à hidatidose como: Trata-se de uma doença silenciosa, pelo que a hidatidose no Iraque não pode ser considerada uma doença profissional limitada às pessoas que têm contacto direto ou indireto com os ovinos, como acontece noutras zonas endémicas do mundo. Existem diferentes variantes ou estirpes de parasitas que causam esta doença.

Os kits de imunodiagnóstico disponíveis (kits comerciais) são preparados a partir de antigénios de uma estirpe diferente da nossa estirpe local, pelo que existe uma necessidade urgente de preparar kits de serodiagnóstico modificados a partir de antigénios purificados de metacestodeos da estirpe local do parasita. Por conseguinte, um trabalho recente foi concebido para preparar

1. Diferentes componentes do quisto hidático, incluindo protoscoleces e fluido hidático, são purificados e depois utilizados como fonte antigénica para o serodiagnóstico da doença hidática.
2. Avaliação da eficácia dos antigénios purificados no serodiagnóstico da imunoglobulina G (IgG) total e das suas subclasses no soro de doentes com hidatidose da província de Basra.
3. Teste da capacidade do antigénio B purificado na sensibilização das respostas imunitárias humoral e celular através da imunização de coelhos.

1.3 Revisão da literatura

1.3.1 Definição

A doença hidática (hidatidose) é uma das doenças helmínticas mais importantes e fatais causadas por cestodes do género *Echinococcus* e é uma das principais helmintíases zoonóticas, causada pelas larvas do parasita e não pelo próprio adulto (Budke e Torgerson,2006). *O E. granulosus* é considerado a espécie mais relevante que causa a hidatidose cística (Romig, 2003). A doença é comum na maior parte das regiões do mundo, especialmente nas zonas rurais, onde normalmente são abatidos ruminantes não saudáveis (Brunetti e Junghanss,2009). A importância clínica e económica do parasita está quase totalmente confinada à infeção com o estádio larvar, ou metacestodeo de *Echinococcus,* conhecido como quisto hidático. A doença hidática e a hidatidose são termos que devem ser restringidos à infeção com o metacestode e a equinococose à infeção com a fase adulta (Gillespie e Pearson,2001).

Foram reconhecidas seis espécies no género *Echinococcus*, mas quatro são de interesse para a saúde pública: *E.granulosus* (que causa a equinococose quística (EC)), *E. multilocularis* (que causa a equinococose alveolar (EA)), e *E. vogeliand* e *E.*
oligarthrus (que causam equinococose policística). Duas novas espécies foram recentemente identificadas: *E. shiquicus* em pequenos mamíferos do planalto tibetano e *E. felidis* em leões africanos, mas o seu potencial de transmissão zoonótica é desconhecido (Moro e Schantz ,2009).

1.3.2 História do *E. granulosus*

A natureza cística da infeção larvar por *Echinococcus* foi reconhecida na antiguidade no homem e noutros animais. Hipócrates (460-379 a.C.) referiu-se a bexigas cheias de água nos pulmões e fígados de animais e seres humanos, embora tenham sido feitas observações semelhantes nos séculos seguintes, só no final do século XVII é que a origem parasitária destes quistos foi proposta através do trabalho de Redi, Hartmann e Tyson (Grove, 1990). Aproximadamente um século mais tarde, Goeze descreveu a forma de escólices no interior do quisto hidratado e demonstrou a sua semelhança com a extremidade anterior das ténias, tendo nomeado o parasita como *Taenia vesciralis sosialis granulosus*, mas alguns anos mais tarde, exatamente em 1786, Batsch renomeou-o como *Hydatigera granulosa*. Em 1801, Rudolphi criou o género *Echinococcus*, no qual o parasita hidático era conhecido como *Echinococcus granulosus*. Embora Rudolphi (1808) tenha examinado a fase adulta em cães infectados experimentalmente, estes foram identificados como *Taenia cateniformis*. Foi só em 1852, quando Von Seibold infectou experimentalmente um cão com um quisto hidático, que o ciclo de vida e a associação entre a fase larvar e a fase adulta foram comprovados.

Seguiu-se o trabalho de Haubner em 1855 (Kuchenmeister,1857), que demonstrou o desenvolvimento de quistos hidáticos em porcos infectados experimentalmente com ovos de *E. granulosus* (Gillespie e Pearson,2001).

1.3.3 Biologia do E. granulosus

O ciclo de vida complexo do parasita pode explicar a relação intrincada entre o hospedeiro e o parasita. *O E. granulosus* é uma pequena ténia (raramente ultrapassa os 7 mm de comprimento) que vive firmemente fixada à mucosa do intestino delgado dos canídeos (os hospedeiros definitivos são geralmente os cães), onde a fase adulta atinge a maturidade sexual dentro de 4 a 5 semanas

(Thompson e Eckert,1983). Segue-se a eliminação de proglótides grávidas (cada uma contendo várias centenas de ovos) e/ou de ovos libertados nas fezes dos hospedeiros definitivos. Depois de serem ingeridos pelo hospedeiro intermediário, os ovos libertam embriões (oncosferas) que penetram na parede intestinal, viajam através do sangue ou da linfa e ficam presos no fígado, nos pulmões e noutros locais onde se inicia o desenvolvimento cístico. Este processo envolve a transformação do estádio de oncosfera para atingir o estádio de metacestode. *O E. granulosus* desenvolve-se tipicamente como um grande quisto unilocular e túrgido, que cresce através de um aumento do diâmetro de menos de 1 a 5 cm por ano. Esta estrutura geral pode ser pensada para permitir um rácio baixo permanente entre o volume celular total do parasita e a área exposta do hospedeiro, através de um crescimento linear que pode exceder três ordens de grandeza (Lascano *et al.*, 1975).

O quisto hidático é geralmente rodeado por uma cápsula de colagénio derivada do hospedeiro (camada adventícia), mas também pode ser circundado por células inflamatórias do hospedeiro. O metacestode (quisto hidático) é delimitado pela parede do quisto hidático, que compreende uma camada celular interna (camada germinal) e uma camada celular protetora externa (camada laminada) (Morseth,1967).

A camada germinativa (GL) dá origem, na cavidade do quisto, a botões celulares que, após vesiculação, se transformam em cápsulas de criação e, por sua vez, brotam no seu interior para gerar protoscoleces. A GL é exposta para o exterior da membrana plasmática apical do seu tegumento sincicial, que transporta microtríquias truncadas. O GL tem outros tipos de células não sinciciais, incluindo células musculares, células de armazenamento de glicogénio e células indiferenciadas. Em direção à cavidade do quisto, não existe uma organização sincicial nem complexos juncionais entre as células, pelo que o fluido intercelular da camada germinativa é aparentemente contínuo com o fluido do quisto/vesícula. A forma de protocoleces cresce até à fase adulta uma vez ajustada pelo hospedeiro definitivo (Lascano *et al.*,1975).

A cavidade do quisto é preenchida pelo líquido do quisto hidático (HCF), que é o principal fator responsável pela estimulação antigénica. O líquido hidático é limpo e transparente, "tal como a água limpa da sua fonte natural", contendo secreções do parasita e do hospedeiro e todos os elementos da "parede interna" do quisto, denominada areia hidática. Tem uma composição idêntica à do soro do hospedeiro (Na, K, Cl, uma densidade entre 1,008 e 1,015, pH alcalino) e algumas proteínas específicas que conferem propriedades antigénicas, como a Ag5 e a AgB (Siracusano,2011).

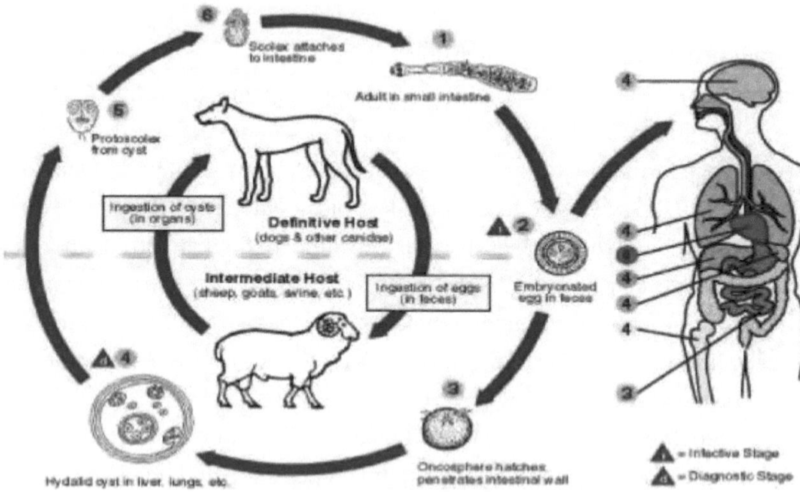

https://encrypted-tbn0.gstatic.com/images

Figura (1.1): ciclo de vida de *E. granulosus*

1.3.4 Epidemiologia

O E. granulosus tem uma distribuição geográfica mundial. Encontra-se em todos os continentes, com maior prevalência em partes da Eurásia (especialmente nos países mediterrânicos, na Federação Russa e nos Estados independentes adjacentes, e na China), no norte e leste de África, na Austrália e na América do Sul (Sadjjadi ,2006).

No entanto, mesmo que a distribuição de *E. granulosus* seja considerada a nível mundial, é mais elevada nos países em desenvolvimento, especialmente nas comunidades rurais onde existe um contacto estreito entre cães e vários animais domésticos (Eckert e Deplazes, 2004). Em alguns países ocidentais.

A EC está a ser uma zoonose reemergente, devido ao recente aumento da prevalência (Himsworth *et al.,* 2010).

A hidatidose tem um impacto socioeconómico considerável na saúde humana e animal em diferentes países (Rkia Azlaf, 2006). Nos seres humanos, a EC é a forma mais comum de apresentação e representa provavelmente mais de 95% dos 2 a 3 milhões de casos estimados a nível mundial. O DALYS (disability adjusted life years - anos de vida ajustados por incapacidade) para a CE humana foi recentemente estimado em mais do que para a oncocercose e quase o mesmo que para a tripanossomíase africana. A perda económica anual associada à CE numa base global foi recentemente estimada em, pelo menos, mais de 2 mil milhões de dólares (Budke *et al.,* 2006).

A transmissão e a manutenção da equinococose dependem de interações complexas de vários factores, incluindo factores ambientais, do hospedeiro e do agente patogénico . Alguns desses factores são de importância epidemiológica local e a sua identificação é importante para a implementação eficaz de estratégias de controlo (Banda, 2013).

Vários estudos demonstraram que a hidatidose é uma doença que suscita cada vez mais preocupações em termos de saúde pública e socioeconómicos. A doença é atualmente considerada uma doença emergente ou reemergente e a sua distribuição geográfica e extensão são maiores do que se pensava anteriormente (Thompson e McManus, 2002; Torgerson e Budke, 2003; Dakkak, 2010).

A EC não só causa doença grave e possível morte nos seres humanos, mas também resulta em perdas económicas decorrentes dos custos de tratamento, salários perdidos e perdas de produção associadas ao gado (Budke *et al.,* 2006).

A equinococose é uma das doenças parasitárias mais importantes dos animais de criação, com significado tanto a nível económico como de saúde pública. Está associada a morbilidade e incapacidade graves e é uma das doenças zoonóticas mais disseminadas geograficamente no mundo (Getaw *et al.,* 2010).

Nos países onde a infeção é endémica, as mulheres e as crianças são mais afectadas, provavelmente devido ao contacto mais frequente com animais infectados (Kern,2003). Na América do Sul, a EC constitui um importante problema de saúde pública no Peru (Moro *et al.*,2011). Nos países da região do Mediterrâneo Oriental, a equinococose é uma das principais doenças parasitárias zoonóticas de Marrocos ao Egito. Tanto a equinococose cística como a alveolar foram registadas nestas áreas. No entanto, a equinococose cística é mais comum e foi notificada em todos os países do Médio Oriente e do Norte de África. A equinococose alveolar é menos prevalente e só foi notificada no Irão, na Turquia, no Iraque e na Tunísia. *A E. granulosus* é altamente prevalente no Irão, na Turquia, no Iraque, em Marrocos, na Tunísia e na Líbia. Em Omã, é endémica com baixa prevalência (Sadjjadi,2006).

A doença é endémica na República Árabe da Síria. O norte do país é a principal área de criação de gado e de vida tribal nómada (Nahhas, 2005).

No Irão, a equinococose quística é uma das doenças zoonóticas mais importantes. Os estudos sero-epidemiológicos revelaram que a prevalência de anticorpos anti-hidátide variava entre 1,94 % e 18,2 % em diferentes regiões do país, sem qualquer associação significativa entre a seropositividade da equinococose quística e a idade ou o sexo, exceto no caso das mulheres do grupo etário dos 31-50 anos, em que a prevalência é significativamente mais elevada (Darani *et al.*, 2003; Rafiei *et al.*, 2007).

No Iraque, a hidatidose humana é endémica (Yacoub *et al*, 2006; Al-Amran, 2008). A elevada prevalência de hidatidose humana no Iraque parece dever-se ao ciclo ovino-cão (Al-Awady, 1990). Isto reflecte-se no facto de, na maior parte do país onde ocorre a infeção humana, o carneiro ser o principal hospedeiro intermediário e de cerca de 20% - 56% dos cães estarem infectados com *E. granulosus* adulto. Em muitos casos, os cães são infectados através da ingestão de miudezas cruas em matadouros, de animais abatidos em casa e do consumo de carcaças mortas. Saeed,(2000) mostrou que as donas de casa, os trabalhadores e os agricultores parecem estar em maior risco de infeção. Al-Fadagh *et al.* (2002) verificaram que a doença é mais prevalente em trabalhadores activos com idades compreendidas entre os 20 e os 50 anos, sendo a incidência mais elevada nas mulheres. Em países com uma infeção endémica, as mulheres e as crianças são mais afectadas, provavelmente devido ao contacto mais frequente com animais infectados (Kern,2003).

No matadouro de Duhok, durante o período de setembro de 2009 a agosto de 2010, foram examinados 92607 ovinos, 33100 caprinos e 6367 bovinos abatidos; verificou-se que 9,921% dos ovinos, 6,245% dos caprinos e 10,579% dos bovinos estavam infectados com quistos hidáticos. Entre os ovinos, caprinos e bovinos infectados, a maior percentagem de quistos hidáticos foi encontrada nos pulmões, no fígado e noutros órgãos, respetivamente (Merkhan e Abdullah, 2012).

Mesmo os locais mais comuns para os quistos são o fígado (59%-75%), seguido em frequência pelo pulmão (27%), rim (3%), osso (1%-4%) e cérebro (1%-2%). Outros locais, como o coração, o baço, o pâncreas e os músculos, são muito raramente afectados (Yuksel,2007) , Boujan e Jalal (2013) relataram um caso raro de quistos hidáticos múltiplos primários do cérebro numa criança de 10 anos de idade na Sulaimania.

O estudo de doentes com hidatidose de diferentes hospitais em Bagdade mostrou que a incidência de hidatidose nas mulheres era superior à dos homens. A distribuição etária mais elevada dos doentes com hidatidose situava-se entre os 12 e os 40 anos. A percentagem de hidatidose hepática foi mais elevada (64,66%) do que a de quaisquer outros órgãos (Al-Saimary *et al.*,2010).

1.3.5 Variantes genéticas de *E. granulosus*

Foram descritas várias variantes genéticas de *E. granulosus*. Estas variações genéticas podem determinar as caraterísticas fenotípicas, a especificidade do hospedeiro, a antigenicidade, a dinâmica de transmissão, a via de infeção, a patologia, o controlo, a suscetibilidade antimicrobiana e as estratégias de desenvolvimento de vacinas (Thampson e Mc Manus, 2002). Até à data, com base nas sequências parciais dos genes mitocondriais citocromo c oxidase subunidade 1 (CO1) e NADH desidroge- nase 1 (ND1), foram identificados dez tipos genéticos distintos (G1-G10) de *E. granulosus* (Bowles e Mc Manus, 1993; Bowles *et al.*, 1994; Snabel *et al.*, 2000).

Recentemente, *o E. granulosus* foi dividido nos seguintes grupos: *E. granulosus* sensu stricto (G1; estirpe de ovinos, G2; estirpe de ovinos da Tasmânia, G3; estirpe de búfalos), *E. equinis* (G4; estirpe de cavalos), *E. ortleppi* (G5; estirpe de gato) e *E. canadensis* (G6; estirpe de camelo, G7; estirpe de porco, G8; estirpe de cervídeo, G9; estirpe humana, G10; estirpe de cervídeo da Fenoscândia) (Nakao *et al*, 2007). Entre os genótipos do grupo *E. granulosus* sensu strico, a estirpe ovina (genótipo G1) tem a distribuição geográfica mais alargada em todo o mundo. A estirpe ovina é também dominante na zona mediterrânica (Euzeby, 1991; Eckert e Thampson, 1997; Mc Manus e Thampson, 2003; Breyer et al., 2004; Romig et al., 2006; Busi et al., 2007; Varcasia et al., 2007). Alguns dos outros genótipos de E. granulosus foram notificados como causadores de infecções ocasionais no ser humano, mas alguns genótipos não estão envolvidos em infecções humanas (Dinkel et al., 2004).

Em muitos países da região mediterrânica, o genótipo G1 foi registado como o genótipo mais prevalente (Schneider et al., 2008) tanto em seres humanos como em animais. Ergin et al. (2010) sugeriram que o genótipo G1 é o genótipo predominante tanto em humanos como em animais.

Foram encontradas diferenças substanciais entre os padrões proteicos de diferentes estirpes, o que também poderia resultar em diferentes epítopos imunogénicos dos antigénios sintetizados. Pouco se sabe sobre a possível influência das diferenças entre estirpes no potencial imunodiagnóstico dos antigénios utilizados em serologia (Gottstein et al., 1986).

Até à data, muitos investigadores apresentaram resultados sobre a produção e avaliação de diferentes antigénios recombinantes de E. granulosus (Rott et al.,2000). Obviamente, ninguém pode negar o papel importante das estirpes específicas de cada região na determinação do valor do antigénio recombinante produzido. Abdi et al. (2010) consideram que cada estirpe de diferentes países deve ser questionada na avaliação de novos antigénios.

1.3.6 Resposta imunitária do hospedeiro intermediário

A imunidade da doença hidática foi dividida concetualmente nas fases de pré-estimentação e pós-estimentação, que se diferenciam pela formação da camada laminada em torno do quisto hidático, o que ocorre entre (2 - 4) semanas após a infeção no hospedeiro intermediário (animal ou humano), na sequência da ingestão dos ovos e da libertação da oncosfera (Rickard e Williams, 1982).

Sabe-se muito pouco sobre os factores que afectam a suscetibilidade inata à infeção com *E. granulosus* após a ingestão da fase de ovo infecioso e o estabelecimento do quisto primário. A idade, o sexo e o estado fisiológico do hospedeiro podem influenciar a suscetibilidade inata ou a resistência à infeção (Zhang et al.,2003).

1.3.6.1 Imunidade durante a fase aguda:

1.3.6.1.1 Respostas de anticorpos

Após a infeção, a primeira resposta detetável de imunoglobina G (IgG) aos antigénios do fluido do quisto hidático (HCF) ocorre após 2 a 11 semanas, respetivamente, em ratos e ovelhas desafiados com ovos ou oncosferas de *E. granulosus* (Yong *et al.,*1984). Estes anticorpos antioncosféricos desempenham um papel importante na morte do parasita e são fundamentais para a resposta imunitária protetora contra *E. granulosus* (Dempster *et al.*,1992). Embora os níveis de anticorpos contra a oncosfera sejam baixos nas fases iniciais da infeção, os mecanismos de eliminação do parasita podem envolver reacções de citotoxicidade mediadas por células dependentes de anticorpos (Rogan *et al.,*1992).

1.3.6.1.2 Respostas celulares

Durante as fases iniciais de uma infeção equinocócica, há uma ativação marcada da imunidade mediada por células, incluindo respostas inflamatórias celulares (Zhang *et al.,*2003). A infiltração celular de eosinófilos, neutrófilos, macrófagos e fibrócitos ocorre em infecções humanas e ovinas.

Em infecções secundárias induzidas experimentalmente em ratos, as protoscoleces PSC injectadas intraperitonealmente são rodeadas por uma infiltração celular considerável no espaço de 3 dias, envolvendo inicialmente macrófagos activados e subsequentemente incluindo neutrófilos, eosinófilos e linfócitos (Riley *et al.*, 1985).

Na infeção experimental, menos de 10% dos PSC sobrevivem para formar quistos

(Zhang *et al.*,2001). A maior parte da morte do parasita ocorre nas primeiras 2 semanas após a infeção. Os macrófagos activados estão envolvidos na morte dos PSC *de Echinococcus* (Jenkins *et al.*, 1990). Estudos *in vitro* indicam que a morte de PSC dependente de macrófagos pode ser aumentada pelo interferão gama (IFN-γ) (Kanazawa *et al.*, 1993) e diminuída por alguns
citocinas como a IL-10 ou a IL-4 (Jenkins *et al.*, 1990). Por conseguinte, parece provável que, durante uma infeção secundária, uma resposta Th1 inicial eficaz para matar os parasitas se polarize para uma resposta do tipo Th2 e que esta resposta pareça menos eficaz. Este facto é apoiado por estudos com doentes submetidos a quimioterapia com albendazol que responderam melhor ao tratamento quando possuíam um perfil de citocinas do tipo Th1 mais dominante do que quando tinham um perfil do tipo Th2 mais dominante (Hernandez-Pomi *et al.*, 1997).

1.3.6.1.2.a: Perfil das citocinas

Existem muito poucos relatórios sobre os perfis de citocinas das células T numa infeção primária precoce (desafio oral com ovos) por *E. granulosus* (Vuitton ,2003).Os estudos *in vitro* indicaram que a interleucina-10 (IL-10), IL-4 e IL-5 são segregadas por esplenócitos e podem ser detectadas logo uma semana após a infeção. Níveis elevados de fator de necrose tumoral alfa (TNF- α), IFN- γ, IL-6 e IgG1 específica foram detectáveis no soro, e a IgG3 foi mensurável na cavidade peritoneal utilizando antigénios somáticos protoscolex (Dematteis *et al.*, 1999). Estes dados sugerem que as reacções Th2 polarizadas são evocadas logo no início da resposta imunitária à infeção secundária. Os PSC de *E. granulosus* contêm antigénios imunogénicos T-independentes. As respostas de anticorpos primários aos antigénios somáticos do protoscolex e a produção de IgM e IgG3 no início da infeção parecem ser estimuladas principalmente por um mecanismo independente dos T (Baz *et al.*, 1999).

1.3.6.2. Imunidade durante a fase crónica

Em comparação com os eventos que ocorrem durante a infeção inicial, a resposta imunitária a quistos estabelecidos tem recebido muito mais atenção. Nos seres humanos, é frequente a ocorrência de níveis elevados de anticorpos, particularmente dos isótipos IgG, IgM e IgE (Ramzy *et al.*, 1999; Sterla *et al.*, 1999).

1.3.6.2.2 Respostas dos anticorpos

Nas fases crónicas da EC, é frequente a ocorrência de níveis elevados de anticorpos, particularmente IgG, IgM e IgE (Khabiri *et al.*,2006), sendo predominantes as IgG1 e IgG4 (Ioppolo *et al.,*1996; Daeki *et al.,*2000). Quando os quistos CE crescem, os níveis de IgG1 e IgG4 são elevados, enquanto as concentrações de IgG1 e IgG4 específicas diminuem nos casos caracterizados por infiltração ou calcificação dos quistos. Isto indica que a resposta de anticorpos IgG4 também está associada ao desenvolvimento e crescimento cístico e à progressão da doença, enquanto as respostas IgG1, IgG2 e IgG3 ocorrem predominantemente quando os quistos se infiltram ou são destruídos pelo hospedeiro (Daeki *et al.*,2000). A produção de anticorpos IgG na EC pode depender do número, tamanho, localização e estado dos quistos hidáticos (Chandrasekhar e Parija, 2009).

Esta produção de anticorpos é essencial para o desenvolvimento de testes de serodiagnóstico. Cerca de 30-40% dos doentes são negativos para CE. Em muitos destes doentes, no entanto, são mensuráveis níveis variáveis de antigénios circulantes (CAg) e complexos imunes circulantes (CIC) (Bell ,1996). Este fenómeno sugere que a atividade e a proliferação das células B podem ser reguladas e inibidas por antigénios *de E. granulosus*. Não se sabe se estes antigénios visam diretamente as células B ou através de células T mecanismos reguladores (Zhang *et al.,*2012).

1.3.6.2.3 Respostas celulares

Durante a fase de estabelecimento, há também um envolvimento de infiltração celular, que inclui eosinófilos, neutrófilos, macrófagos e fibrócitos (Irigoyen e Sanchez,1995). No entanto, isto geralmente não resulta numa resposta inflamatória grave e os quistos envelhecidos tendem a ficar rodeados por uma camada fibrosa que separa a camada laminada do tecido hospedeiro. A eosinofilia e a produção de níveis elevados de IgE são as consequências comuns da infeção por helmintas (Bell, 1996). Sugeriu-se que o eosinófilo evoluiu especialmente como um mecanismo de defesa contra os estádios tecidulares dos parasitas, que são demasiado grandes para serem fagocitados (Haynes e Fletcher, 1990) e que a reação dos mastócitos dependente de IgE evoluiu principalmente para localizar os eosinófilos perto do parasita e, em seguida, aumentar as suas funções antiparasitárias (Bell, 1996). Os eosinófilos são menos fagocíticos do que os neutrófilos, mas, tal como estes últimos, podem matar as fases larvares de parasitas como o *Echinococcus* através de mecanismos dependentes e independentes; as suas actividades são também reforçadas por citocinas (Rainbird *et al.*, 1998).

1.3.6.2.2.a Perfil das citocinas

Tal como outras infecções por helmintas, a hidatidose induz dois padrões de secreção de citocinas Th1 e Th2 muito distintos. As células Th1 produzem IL-2, IFN-Y e linfotoxina, enquanto as células Th2 produzem IL-4, IL-5, IL-6 e IL-10. Em cultura de tecidos, os padrões das células Th1 e Th2 são bem definidos e estáveis. São geralmente inibidores cruzados. O IFN-γ inibe a proliferação das células Th2, ao passo que a IL-10 inibe a síntese de citocinas Th1 (Zhang *et al.*, 2003).

Nas infecções por hidátides, ambos os perfis de populações celulares permanecem altamente expressivos, pelo menos nos quistos que sobrevivem à resposta imunitária. Níveis elevados de IL-4, IL-5, IL-6 e IFN-γ são produzidos *in vitro* por células mononucleares do sangue periférico (PBMC) isoladas de indivíduos humanos infectados e estimuladas por antigénios HCF (Rigano *et al.*,1996). Níveis elevados de citocinas foram também mensuráveis no soro de doentes com doença hidática com envolvimento pulmonar e hepático (Touil-Boukoffa *et al.*,1998). A co-expressão de IL-10 e IFN-γ em níveis elevados na hidatidose humana sugere que a resposta imunitária à infeção por *E. granulosus* é possivelmente regulada por perfis Th1 e Th2 (Zhang *et al.*, 2003).

Nos seres humanos submetidos a tratamento quimioterapêutico, predomina normalmente um perfil de citocinas Th1, em vez de um perfil Th2. Sugeriu-se que este poderia ser um dos mecanismos de morte que se instalam durante as últimas fases da infeção . Significativamente, o aumento da produção de IL-4 e IL-10 em doentes com doença hidática corresponde a níveis elevados de IgE e IgG4 (Rigano *et al.*,1995).

Para além da produção de IL-4 e IL-10, duas outras citocinas Th2, IL-5 e IL-6, são produzidas em grandes quantidades por doentes com doença hidática. Foi demonstrado que a IL-5 é especificamente induzida por antigénios do parasita em 90% dos doentes, enquanto os indivíduos do grupo de controlo foram negativos. Outros estudos indicaram que a IL-5 está associada à regulação da expressão específica de IgE e IgG4 (Rigano *et al.*,1996). Em geral, a IL-5 também regula a resposta eosinofílica (Hernandez-Pomi *et al.*,1997).

Os doentes com EC com doença recorrente têm níveis elevados de IgE e IgG4, níveis aumentados de IL-5, IL-4 e IL-10 e níveis baixos de IFN-γ produzidos *in vitro* por PBMC em comparação com os doentes com uma infeção primária (Rigano *et al.*,1995). Os doentes com uma infeção primária têm níveis mais elevados de IL-2, IF e IL-5. O nível elevado de IL-5 corresponde aos níveis elevados de IgG4 e IgE observados (Rigano *et al.*,1996). Existe uma correlação significativa entre a produção de IgE e IgG4 em soros de doentes com doença hidática e uma tendência para o aumento dos níveis de IL-4 e IL-10 em doentes que são grandes produtores de IgE e IgG4 (Rigano *et al.*,1995).

As infecções primárias e secundárias provocam respostas semelhantes, que incluem níveis elevados de TNF-α, IL-1a, IFN-γ, IL-6 e IL-10 (Haralabidis *et al.*,1995) .

A autocura da EC é comum nos ovinos e é muito provável que também ocorra em populações humanas em áreas hiperendémicas, uma vez que são notificados doentes com quistos calcificados (Moro *et al.*,2005). Seria importante considerar os perfis das células T destes doentes autocurados, uma vez que tal pode ter impacto em futuras abordagens de tratamento e no desenvolvimento de vacinas (Zhang *et al.*,2012).

1.3.6.3 Função de complemento

O sistema de complemento do hospedeiro interage com o parasita e danifica-o, tanto na fase pré-cística como na fase cística estabelecida da infeção. Mesmo no cisto estabelecido, como a camada laminada é permeável às macromoléculas do hospedeiro, o tegumento sincicial externo da camada germinativa está permanentemente exposto aos níveis de complemento.

O complemento desencadeia uma resposta inflamatória pela infeção seguida de ativação do complemento com libertação de C4a ,C3a e/ou C5a (Ferreira *et al.*,2000). No entanto, Diaz *et al.* (1995) não encontraram alterações significativas dos níveis de complemento no plasma de pacientes com EC.

1.3.7 Evadir o sistema imunitário

O tempo de vida dos quistos hidáticos de *E. granulosus* pode atingir 53 anos em humanos (Spruance ,1974) . A capacidade do parasita para sobreviver durante tanto tempo em hospedeiros com potencial para resistir à infeção implica que o parasita possui estratégias para subverter ou evitar respostas imunitárias protectoras. Teoricamente, existem dois tipos de mecanismos para subverter a resposta imunitária do hospedeiro: fuga passiva, em que o parasita evita os efeitos prejudiciais de uma resposta imunitária, e imunomodulação, que é uma interação ativa com o sistema imunitário para reduzir o impacto de uma resposta ao parasita (Riffkin *et al.*, 1996).

No entanto, o parasita desenvolveu estratégias altamente eficazes para escapar às defesas do hospedeiro e evitar a eliminação. Estes mecanismos podem ser classificados como mimetismo antigénico, depleção antigénica, variação antigénica, indiferença imunológica, desvio imunológico e subversão imunológica (Zhang *et al.*, 2003).

Uma caraterística notável do metacestode de *E. granulosus* é a formação de duas cápsulas. Uma é a cápsula celular laminada derivada do cisto. A outra é a cápsula fibrosa do hospedeiro, que tipicamente envolve cistos viáveis totalmente desenvolvidos de *E. granulosus* e é formada provavelmente por filtração de eosinófilos e de fibroblastos e células mesoteliais (Richards *et al.*,1983). Estas estruturas protegem o parasita tanto fisicamente como do ataque imunitário (Zhang *et al.*,2003).

O antigénio circulante do parasita poderia estar a absorver anticorpos específicos, uma vez que tanto o antigénio circulante como os complexos imunes são detectáveis em alguns indivíduos seronegativos (Craig,1986). Também foi levantada a possibilidade de tolerância imunológica específica induzida pelo antigénio, sugerindo que a produção de anticorpos durante o curso da infeção pode ser regulada, talvez através da libertação periódica de antigénio dos quistos e/ou da desregulação geral das células B através da atividade das células Th (Zhang *et al.*,2003).

Pouco se sabe sobre a deriva ou mudança antigénica nas infecções por *Echinococcus* em comparação com alguns outros parasitas (Grant, 1994; Cross,1996). A produção de proteases foi registada numa série de helmintas e é considerada importante para a conversão dos tecidos do hospedeiro em nutrientes, para a invasão do hospedeiro (Holcman e Heath,1997) e para a migração através dos tecidos do hospedeiro (Hotez *et al.*, 1990). Não se sabe se as proteases de *Echinococcus* funcionam na clivagem de IgG, como foi registado noutros helmintos (Pratt *et al.*,1992; Provenzano e Alderete;1995).No entanto, as secreções das glândulas de penetração das oncosferas eclodidas e activadas de *E. granulosus* causam a lise dos tecidos do hospedeiro; estas secreções podem proteger o parasita contra a resposta imunitária do hospedeiro enquanto se desenvolve a camada laminada (Holcman e Heath,1997).

Mecanismos propostos de evasão das respostas protectoras do hospedeiro pelo estádio metacestódeo de *Echinococcus* :

Sequestração e disfarce antigénico (Dixon e Jenkins,1995 ;Dixon,1997).

Mimetismo molecular (Frosch *et al.*, 1991).

Antigénio ou polimorfismo do ADN (Chemale *et al.*, 2001).

Produção de proteases (Diaz *et al.*,2000).

Inibidor da protease (Shepherd *et al.*, 1991).

- Interferência na atividade do complemento (Ferreira *et al.,* 1995).
- Alteração da função dos macrófagos e dos leucócitos (Rakha *et al.*,1991).
- Alteração da arquitetura dos órgãos linfóides (Riley e Dixon,1987).
- Depleção de linfócitos T (Kizaki *et al.*,1993).
- Indução de células supressoras (Kizaki *et al.*,1993).
- Alteração das respostas dos anticorpos (Baz *et al.*,1995).
- Alteração das respostas proliferativas dos linfócitos (Kizaki *et al.*,1991).
- Inibição da quimiotaxia das células efectoras (Rigano *et al.*,2001).

1.3.8 Diagnóstico

A presença de uma massa semelhante a um quisto numa pessoa com antecedentes de exposição a cães pastores em áreas onde *o E. granulosus* é endémico apoia o diagnóstico de hidatidose quística. No entanto, os quistos hidáticos devem ser diferenciados de quistos benignos, tuberculose cavitária, micoses, abcessos e neoplasias benignas ou malignas. A confirmação não invasiva do diagnóstico pode normalmente ser efectuada com a utilização combinada de imagens radiológicas e técnicas de imunodiagnóstico (Moro e Schantz , 2009).

A radiografia permite a deteção de quistos hidáticos nos pulmões; noutros locais, contudo, é necessária calcificação para a visualização radiográfica. A tomografia computorizada, a ressonância magnética e a ultrassonografia são úteis para o diagnóstico de lesões profundas em todos os órgãos e também para determinar a extensão e o estado dos quistos avasculares cheios de líquido. A ecografia abdominal surgiu como a técnica de imagiologia mais utilizada na hidatidose devido à sua disponibilidade generalizada e à sua utilidade para definir o número, a localização, as dimensões e a vitalidade dos quistos (Moro *et al.*, 2005). No entanto, estes procedimentos não estão muitas vezes facilmente disponíveis em comunidades isoladas. Por isso, são necessários métodos baratos e relativamente fáceis de utilizar para o rastreio em grande escala de populações de alto risco. O imunodiagnóstico proporciona essa abordagem e pode também confirmar os achados clínicos (Zhang *et al.*,2003).

O papel do imunodiagnóstico é confirmar os achados clínicos ou ajudar no diagnóstico, fornecendo informações detalhadas sobre as peculiaridades do parasita ou do hospedeiro (por exemplo, diferenciação de espécies em casos radiologicamente pouco claros e determinação do estado imunitário do doente, etc.) (Al-Qaoud *et al.*,2008 a).

O imunodiagnóstico pode também desempenhar um papel complementar importante. É útil não só para o diagnóstico primário, mas também para o acompanhamento de doentes após tratamento cirúrgico ou farmacológico (Zhang *et al.*,2003).

Os testes serológicos para a hidatidose têm uma história muito longa e quase todos os testes serológicos que foram desenvolvidos foram utilizados no diagnóstico de casos humanos. Existem diferenças consideráveis entre os vários testes, tanto em termos de especificidade como de sensibilidade. À medida que a sensibilidade de um teste aumenta, aumenta também, em geral, a procura de antigénios melhorados, de modo a que se possa atingir uma especificidade suficiente para tirar partido da maior sensibilidade. Um teste ótimo deve ser específico com uma sensibilidade elevada. Os testes insensíveis e inespecíficos, incluindo o teste intradérmico de Cassoni, o teste de fixação do complemento, o teste de hemaglutinação indireta e o teste de aglutinação do látex, foram substituídos pelo ensaio de imunoabsorção enzimática (ELISA), o teste de anticorpos de imunofluorescência indireta, a imunoeletroforese (IEP) e o immunoblotting (IB) na aplicação laboratorial de rotina (Nasrieh e Abdel-Hafez ,2004).

Atualmente, o diagnóstico de hidatidose/echinococose baseia-se numa combinação de técnicas de imagiologia (ultrassonografia, axialtomografia computorizada, raios X) e métodos de imunodiagnóstico, como ELISA e immunoblotting (Zhang *et al.*, 2003).

1.3.9 Antigénios equinocócicos

Para o diagnóstico serológico primário e para o apoio ao diagnóstico clínico da hidatidose, a seleção de um determinado teste de imunodiagnóstico envolve a consideração das caraterísticas operacionais de diagnóstico da técnica e da finalidade para a qual será utilizada. A sensibilidade e a especificidade diagnósticas dos testes mais frequentemente utilizados variam em função (i) da natureza, pureza e qualidade do antigénio, (ii) da natureza das imunoglobulinas do doente (isótipos, etc.) especificadas no teste e (iii) da sensibilidade da tecnologia selecionada (Al-Qaoud *et al.*,2008 a).

Para o imunodiagnóstico da hidatidose humana e da equinococose canina, utilizam-se como principais fontes antigénicas o fluido do quisto hidático (HCF), os antigénios somáticos (S-Ag) e os produtos secretores do excretor (ES-Ag) dos protozoários de *E. granulosus* e dos vermes adultos. A escolha do extrato antigénico mais adequado depende da fase de desenvolvimento do verme e da espécie hospedeira. Assim, a HCF é utilizada principalmente para o imunodiagnóstico da equinococose quística humana, com base na deteção do antigénio 5 e do antigénio B (Zhang *et al.*, 2003).

O líquido do quisto hidático é o mais utilizado como fonte de antigénio para a deteção de anticorpos contra a hidátide no soro. Foram desenvolvidos vários testes serológicos utilizando o líquido bruto do quisto hidático, com diferenças consideráveis tanto na especificidade como na sensibilidade para o diagnóstico de CE (Gottstein,1991). A variação da sensibilidade e da especificidade devido à diferença na preparação do antigénio e à normalização da técnica levou à utilização de antigénios de metacestodes mais recentes, como o protoscolexantigénio, o antigénio da parede do quisto e o antigénio do verme adulto no diagnóstico da EC (Mahmoud e Abou-Gamra, 2004).

O líquido hidático é uma mistura complexa de antigénios distintos de origem no hospedeiro e no parasita. Os dois antigénios mais abundantes são o antigénio 5 *de E. granulosus*.

O antigénio 5, uma glicoproteína de 67 kDa, e o antigénio B (AgB), cuja relação de concentração é de cerca de 1:10 (Rigano *et al.*, 2001& Ortona *et al.*,2005).

1.3.9.1 Antigénio B (AgB)

O antigénio B (AgB) é uma lipoproteína polimérica termoestável de 160 kDa que constitui até 10% do fluido hidático, é o principal antigénio imunodominante e pensa-se que seja responsável pelas actividades imunomoduladoras de *E. granulosus*, promovendo a sua sobrevivência num hospedeiro mamífero (Gonzalez-Sapienza e Cachau, 2003 & Chemale *et al.*,2005).

Estudos imuno-histológicos mostraram que este antigénio está localizado no tegumento do protoscolex e na membrana germinal do metacestode e, por conseguinte, é segregado no fluido do quisto (Sanchez *et al.*,1991).

O AgB pode ser medido no sangue dos doentes como antigénio circulante (Kanwar *et al.*,1994), tendo sido sugerido que desempenha um papel importante na biologia do parasita e na sua relação com o hospedeiro (Shepherd *et al.*, 1991; Rigano *et al.*, 2001). O AgB é uma molécula altamente imunogénica, uma caraterística que sustenta o seu valor no serodiagnóstico. Sob condições reduzidas, apresenta-se em forma de escada no SDS-PAGE, com três bandas com tamanhos moleculares de aproximadamente 8 ou 12, 16 e 24 kDa, o que sugere que é constituída por polímeros de subunidades de 8 kDa (Oriol *et al.*,1971).A subunidade mais pequena revelou-se o alvo mais útil em estudos de diagnóstico (Zhang *et al.*,2003). Observando que a subunidade de 12-kDa do AgB é um inibidor de protease com a capacidade de inibir o recrutamento de neutrófilos. Shepherd *et al.*(1991) sugeriram pela primeira vez o papel deste antigénio nos mecanismos de fuga da imunidade natural inicial.

Por conseguinte, o AgB tem recebido muita atenção devido à sua elevada imunogenicidade e especificidade (Zhang *et al.*,2003). O antigénio B é codificado por uma família de genes múltiplos - EgAgB8/1, EgAgB8/2, EgAgB8/3 e EgAgB8/4, cada um dos quais codifica uma subunidade de 8 kDa (Rott *et al.*,2000 ; Virginio *et al.*,2003).

Foram clonados vários ADNs complemantares (cDNAs) do AgB, expressos como proteínas recombinantes e utilizados para diagnóstico; além disso, foram sintetizados vários péptidos do AgB e utilizados em ELISA para fins de diagnóstico. Foi considerada a possibilidade de utilizar antigénios peptídicos para aumentar a especificidade, tendo sido feitos esforços para definir epítopos discretos do AgB e de outras moléculas que pudessem ser imitados por péptidos sintéticos. Shepherd *et al.* (1991) clonaram um fragmento C-terminal de uma biblioteca de cDNA de PSC e expressaram-no como uma proteína de 12 kDa; a sequência completa, denominada EgAgB8/1, foi clonada posteriormente. A sequência é altamente conservada (Frosch *et al.*,1994), um facto que sublinha a sua utilidade para aplicação no imunodiagnóstico. Posteriormente, outro fragmento denominado EgAgB8/2 foi também proposto como sendo uma subunidade de 8 kDa, com 38% de semelhança com o clone EgAgB8/1 (Fernandez *et al.*,1996).

Vários estudos demonstraram que a EgAgB8/2 é a subunidade mais promissora da AgB para o desenvolvimento de um teste fiável, sensível e específico para o serodiagnóstico da EC. (Rott *et al.*,2000 ; Virginio *et al.*,2003).

Um outro clone recombinante, EG55, também correspondente à subunidade mais pequena do AgB, foi expresso como uma molécula de fusão de Glutatião-S-transferase (GST) e testado num ELISA em sanduíche quanto à sua capacidade de detetar anticorpos séricos específicos em doentes com EC. O antigénio reagiu de forma cruzada principalmente com soros de doentes com EA (39,2% dos indivíduos reagiram) (Helbig *et al.*,1993). Um antigénio recombinante EgPS-3 de 12 kDa, que também corresponde à subunidade mais pequena do AgB, foi testado de forma semelhante em ELISA como uma proteína de fusão GST para o diagnóstico da EC humana; 74% dos doentes reconheceram a proteína, mas houve reatividade cruzada com soros de doentes (AE) e *infectados com Schistosomajaponicum*. O valor diagnóstico do antigénio recombinante EgPS-3 foi ainda mais explorado com três péptidos sintéticos preparados com base na sua sequência de aminoácidos prevista; p65, um péptido de 27 mero correspondente aos resíduos 12 a 39 de AgB8/1, mostrou uma maior especificidade mas uma sensibilidade ligeiramente reduzida em ELISA (Leggatt e McManus,1994).

Em esforços adicionais para normalizar o diagnóstico de EC, Barbieri *et al.* (1998) compararam o valor de diagnóstico de p65 e GU4, um péptido sintético de 34 mers que corresponde à extremidade terminal C da subunidade AgB8/2, com o de p89-122, um péptido sintético derivado de Ag5 . O péptido p65 apresentou uma sensibilidade três a quatro vezes superior mas uma especificidade 30% inferior à dos outros dois péptidos. Um outro estudo demonstrou que uma região altamente antigénica do AgBreside na extensão N-terminal da subunidade AgB8/1; um ELISA baseado na utilização de um único péptido designado p176, um péptido de 38 mero do N-terminal da subunidade AgB8/1, apresentou um desempenho de diagnóstico superior ao obtido pela utilização do AgB nativo (Gonzalez-Sapienza *et al.*, 2000).

1.3.10 Vacinação contra a infeção por hidátide

Um objetivo final para os imunoparasitologistas é a produção de vacinas que protejam o homem e os animais domésticos contra os efeitos debilitantes da infeção parasitária. No entanto, há que confessar que, até à data, a realização deste objetivo em termos práticos tem tido um sucesso muito limitado: A falta de conhecimento dos mecanismos envolvidos na resposta imune protetora e dos antigénios que provocam respostas imunes protectoras e a incapacidade de produzir material antigénico em quantidade suficiente (Meeusen *et al*, 2007).

A vacinação contra a doença hidática teria o seu maior impacto nas regiões do mundo onde a doença hidática é mais prevalente no gado ou nos seres humanos, o que justificaria a utilização de vacinas. Até agora, foram construídas várias vacinas e verificou-se que estas provocam um elevado nível de proteção nos animais. Este sucesso nos animais encorajaria a continuação da investigação sobre as potenciais utilizações para proteção contra a doença hidática nos seres humanos (Osman, 2005).

1- Vacinas em bruto:

A oncosfera do *Echinococcus* actua como uma proteína específica que, quando expressa na superfície da oncosfera, se combina com anticorpos específicos na presença de complemento, provocando danos na membrana plasmática do parasita, com subsequente falha no desenvolvimento da oncosfera até à fase cística. Além disso, a imunização de ovelhas com secreção de oncosfera ou homogenato de oncosfera resultou numa resistência de 99% à infeção por desafio com ovos de *E. granulosus* (Holcman e Heath, 1997; Chow *et al.*, 2001).

Alguns estudos também utilizaram antigénios brutos da oncosfera, do metacestode e do verme adulto. Estes estudos confirmaram que a oncosfera é a mais imunogénica para provocar imunidade protetora (Ito,1997). Al- Azzawy (1999) descobriu que a injeção de produtos excretores/secretores de protoscoleces em ratinhos conferia uma resistência parcial contra a infeção por hidatidose em ratinhos e hamster branco.

2- Vacinas recombinantes:

O ADN recombinante e as tecnologias relacionadas estão a fornecer novos reagentes valiosos para aplicação no controlo de infecções parasitárias, incluindo a doença hidática.

Verificou-se que as vacinas recombinantes induzem uma proteção superior a 90% contra a infeção por desafio em animais. Este sucesso encoraja a investigação da sua potencial utilização em seres humanos para prevenir a doença hidática adquirida pela infeção pelo parasita *Echinococcus* (Lightowlers *et al.*,2000).

i- Vacina recombinante de subunidades AgB de E.g (AgB8/1 e AgB 8/2)

Estes antigénios foram expressos em *Escherechia coli.* O AgB8/2 foi sugerido como sendo o mais eficaz na indução de proteção, especialmente quando comparado com o AgB principal ou AgB8/1 (Rott *et al.*, 2000).

ii- Vacina recombinante EG 95:

O comprimento total da proteína EG95 é de 16,9 kDa (Chow *et al.,*2001). Foi desenvolvida uma vacina recombinante com muitas regiões truncadas da EG95. Estas regiões sobrepõem-se umas às outras e têm a sequência de aminoácidos correspondente a 1-70 (EG95- l), 51-106 (EG95-2) e 89-153 (EG95-3) da proteína recombinante completa do EG95 (Lightowlers *et al.*,2003) .

Foram realizados estudos sobre a vacina recombinante EG95 e os resultados indicaram que a vacina conferiu um elevado grau de proteção contra a infeção provocada, numa gama de 96 a 100 % (Lightowlers *et al.*, 1999). Num ensaio de utilização da vacina EG95 como proteína de fusão com GST, foi obtido um bom nível de imunidade (Woollard *et al.*, 1998).

iii- Vacina recombinante EgDf1:

Os platelmintos parasitas não conseguem sintetizar os seus próprios lípidos *de novo*, pelo que dependem da absorção de lípidos do hospedeiro (Smyth e McManus,1989), e acredita-se que as proteínas de ligação aos ácidos gordos (FABPs) estejam envolvidas no transporte dessas moléculas para os parasitas (McManus e Bryant,1995). As FABPs homólogas de *Scistosoma mansoni* e *Fasciola hepatica* conferem um elevado grau de proteção em modelos experimentais. Além disso, as duas moléculas têm proteção cruzada, e o FABP derivado de *S. mansoni* foi proposto como candidato a vacina dupla para ambas as infecções por helmintos. Uma FABP de *E. granulosus* (EgDf1) que é diferencialmente expressa em protoscolices foi isolada a partir de uma biblioteca de cDNA de protoscolex (Tendler *et al.*, 1995), e Chabalgoity *et al.* (1997) descrevem a entrega eficiente desta molécula ao sistema imunitário do ratinho através de uma estirpe vacinal viva atenuada de Salmonella.

iv- Vacina recombinante Eg14-3-3

Ji *et al.* (2012) escolheram as proteínas 14-3-3 (Eg14-3-3) de *E. granulosus* como alvo de investigação devido à sua potencial utilização no tratamento e/ou prevenção da hidatidose. Esta hipótese baseia-se principalmente no seu papel como moléculas reguladoras importantes no crescimento e desenvolvimento dos parasitas. Está provado que as Eg14-3-3 existem em diferentes fases de desenvolvimento das espécies de *Echinococcus*, incluindo o ovo, a oncosfera, o protoscolex e o período adulto (Uribe *et al.*,2007).

Huang *et al* (2006) clonaram e sequenciado o Eg14-3-3 de a estirpe chinesa, os resultados indicam que a vacina rEg13 pode induzir um elevado nível de imunidade protetora, sendo uma vacina candidata promissora para prevenir a equinococose quística.

3- Vacina viva atenuada:

A exposição de protoespecies a irradiação ultravioleta de 3600 A° durante 120 minutos reduziu a sua infecciosidade para os ratinhos, enquanto a exposição durante 300 minutos aboliu completamente a sua infecciosidade e verificou-se que estas protoespecies atenuadas eram seguras para utilização como vacina candidata (Saeed, 1988). Um estudo realizado por Resen (1994) tentou reforçar o sistema imunitário de ratinhos para desenvolver resistência contra a infeção por hidátide, atenuando as protoescolecas com um raio laser.

4- Vacinas de ADN:

Foram efectuados ensaios de vacinas de ADN em grande escala em ovinos para investigar o papel da vacinação de ADN na prevenção da doença hidática, com resultados promissores (Scheertinck *et al.*,2001).

Sabe-se que *o E. granulosus* passa por muitas fases de desenvolvimento no seu ciclo de vida, incluindo a oncosfera, os protoscoleces, o verme adulto e o ovo. Por conseguinte, os antigénios únicos podem ser limitados para induzir respostas protectoras eficazes ou as moléculas de antigénio único não podem impedir completamente as diferentes fases de desenvolvimento de *E. granulosus* nalguns casos. Por conseguinte, é imperativo encontrar novos potenciais candidatos a vacinas ou alvos de ação de medicamentos para a prevenção da infeção ou da transmissão.

A vacina de cocktail combinada com vários antigénios imunoprotectores pode ser considerada para este fim (Ji *et al.,* 2012).

1.3.11 Tratamento

Até à década de 1980, a cirurgia era a única opção para o tratamento dos quistos equinocócicos, mas outras formas de tratamento vieram complementar ou mesmo substituir a cirurgia como tratamento preferencial:

- quimioterapia com benzimidazol, albendazol, mebendazol e Compostos de Praziquantel (Cobo *et al.*,1998) .
- mais recentemente, foi introduzido o tratamento com punção do quisto, aspiração, injeção de produtos químicos e reaspiração. Uma terceira opção para o tratamento de quistos hidáticos no fígado e em alguns outros locais consiste em: (1) punção percutânea com orientação ecográfica, (2) aspiração de quantidades substanciais do conteúdo líquido, (3) injeção de um agente protoscolicida (por exemplo, etanol a 95% ou solução salina hipertónica) durante pelo menos 15 minutos, e (4) re-aspiração (PAIR, punção, aspiração, injeção e re-aspiração) (Smego *et al.*,2003).

Capítulo 2

Materiais e métodos

2. 1 Materiais

2.1.1 Equipamentos

Os equipamentos e as fontes utilizadas neste estudo são apresentados na tabela (2.1).

Table (1)): Os equipamentos e as suas fontes

Equipamento	Empresa	País
Autoclave	Hirayama	Japão
Biografia Elisa Reader	Bio-Tek	EUA
Centrifugadora de arrefecimento	Eppendorf	Alemanha
Electroelute	Bio -Rad	EUA
Eletroforese	Cutelo	REINO UNIDO
Placa de fogão	Corning	EUA
Incubadora	Fisher Scientific	EUA
Balança Mettler	Mettler Toledo	Suíça
Micropipetas (automáticas)	Fisher Scientific	EUA
Medidor de pH	Fisher Scientific	EUA
Alimentação eléctrica	Consort E863	Bélgica
Incubadora com agitador	Satorius stedim	Alemanha
Soniprep Sonicator 150	Power sonic, Técnico de laboratório.	Coreia
espetrofotómetro	Beckman coulter DU530. Visibilidade U/V	EUA
Banho de água	GFL	Alemanha

2.1.2 Materiais biológicos e químicos

Os principais produtos químicos e materiais biológicos e as suas fontes são apresentados no quadro (2.2):

Table (2)): Produtos químicos e materiais biológicos e suas fontes.

Produtos químicos	Fontes	País
Metanol absoluto	Scharlau	União Europeia
Agarose	Promega	EUA
Persulfato de amónio	Bio.Basic	Canadá
Antibiótico ampicilina	CID	Egito
cloridrato de benzamidina	Sigma	EUA
Bis-acrilamida	Bio.Basic	Canadá
Albumina de soro de bovino	Fluka	Alemanha
CuSO4	Fluka	Alemanha
Kit ELISA para *Echinococcus* IgG	Automatização do diagnóstico	EUA
DEAE-Sepharose	Sigma	EUA
EDTA (ácido etileno diamino tetra acético)	BDH	Inglaterra
Etanol	AL-Tharthar	Iraque
Etanol amina	BDH	Inglaterra
Adjuvante completo de Freund	Sigma	EUA
Ácido acético glacial	Fluka	Alemanha
Glicina	Pescador	EUA
Na2CO3	BDH	Inglaterra
Na2HCO3	Sigma	EUA

NaCl	Fluka	Alemanha
NaN3	BDH	Inglaterra
NaOH	Pescador	EUA
PMSF (fenilmetilsulfonilcloreto)	Sigma	EUA
Poliacrilamida	Bio.Basic	Canadá
Marcador de proteínas	Mybiosource	EUA
Kit Sanduíche ELISA (**IFN-γ**)	Mybiosource	EUA
Kit ELISA Sanduíche (IgG)	Mybiosource	EUA
Kit ELISA Sanduíche (IL-10)	Mybiosource	EUA
TEMED	Bio.Basic	Canadá
Ácido tricloroacético	Hanover	França
Tris-base(hidroximetilaminometano)	BDH	Inglaterra
Cloridrato de Tris-HCl(hidroxilmetilaminoetano)	Sd fine -Chem	Índia
β-mercaptoetanol	BDH	Inglaterra

2.1.3 Manchas

As manchas e as suas fontes utilizadas neste estudo são apresentadas na tabela (2.3).

Table (3)): Manchas e suas fontes.

Mancha	Fornecedor	Origem
Azul de bromofenol	Pescador	EUA
Coomassie azul brilhante R-250	Pescador	EUA
Eosina	Pescador	EUA

2.2 Métodos

2.2.1 Recolha de amostras

1-Cistos hidáticos:

Os quistos hidáticos foram colhidos do fígado e do pulmão de ovelhas infectadas no matadouro de Basra (durante um período compreendido entre dezembro de 2011 e dezembro de 2012) e transferidos para o laboratório de imunologia da Faculdade de Ciências da Universidade de Basra. Os quistos hidáticos recolhidos foram cuidadosamente lavados em água destilada (DW) para remover a sujidade aderente e o sangue coagulado.

2-Amostras de soro humano:

Foi recolhido um total de 130 amostras de sangue (para um período que se estende de janeiro de 2011 a fevereiro de 2013) e classificadas da seguinte forma: 80 amostras de doentes com hidatidose confirmada cirurgicamente (do fígado e do pulmão), 10 amostras de doentes com outras doenças parasitárias (3 disenteria amebiana, 2 litimaniose e 5 toxoplasmose) confirmadas por diagnóstico parasitológico e/ou serológico e 40 de dadores aparentemente saudáveis.

2.2.2 Preparação do antigénio do líquido hidático bruto

Os quistos foram cortados e o fluido hidatiforme ovino bruto (CSHF) foi recolhido de acordo com Moosa e Abdel-Hafez (1994). O fluido foi aspirado lentamente com uma seringa de 20 ml. Uma gota de fluido hidático foi examinada para detetar a presença de protoscolíticos e testar a fertilidade dos quistos hidáticos. O fluido aspirado foi reunido e guardado num copo de vidro para a colonização das cápsulas de criação, protoscolices e tecidos mortos.

O sobrenadante foi recolhido e clarificado por centrifugação a 10.000 rpm durante 30 minutos para remover os sedimentos. O fluido hidático foi então vertido para uma membrana de corte de 1000 Da (Sigma, EUA) e dialisado contra três mudanças de água destilada a 4 °C. O líquido hidático foi suplementado com 0,02% de azida de sódio, 5 mM de EDTA e 0,5 M de fluoreto de fenilmetilsulfonilo (PMSF). As alíquotas de fluido hidático foram congeladas a -20 °C para utilização posterior (Verastegui *et al.,* 1992).

2.2.3 Purificação do antigénio B

O AgB foi extraído do HF por cromatografia de permuta aniónica, utilizando DEAE-Sepharose fast flow (Sigma, EUA), segundo o método descrito por Gonzales *et al.* (1996) com pequenas modificações.

A DEAE-Sepharose deve ser activada antes de ser embalada na coluna, devendo a reativação ser efectuada após, pelo menos, duas passagens. A matriz de DEAE-Sepharose foi activada de acordo com o método descrito anteriormente por Law e Reiter (1997) com modificações simples.

2.2.3.1 Preparação e regeneração da coluna de DEAE-Sepharose

- A matriz DEAE-Sepharose foi lavada várias vezes com água destilada para remover o etanol e preservar os materiais, utilizando uma unidade de filtração e um funil de perfuração.
- A matriz DEAE-Sepharose foi tratada com 750 ml de HCl (0,5M) durante 15 minutos.
- A matriz de DEAE-Sepharose foi lavada como na primeira etapa.
- A matriz DEAE-Sepharose foi tratada com 750 ml de NaOH (0,5M) durante 15 minutos.
- Utilizou-se água destilada para lavar a matriz de gel como na primeira etapa.
- O pH da DEAE-Sepharose foi ajustado para pH 7,2 com tampão de equilíbrio.
- A coluna (22 cm de comprimento e 2,5 cm de diâmetro) foi revestida com um gel de afinidade DEAE-Sefharose e equilibrada com 300 ml de tampão de equilíbrio.

2.2.3.2 Cromatografia de permuta iónica

- A DEAE-sepharose de fluxo rápido (Sigma, EUA) foi embalada lentamente durante a noite na coluna.

- A coluna foi equilibrada com tampão de equilíbrio.
- A taxa de fluxo foi ajustada para 3 ml / minuto e o HF congelado foi descongelado e carregado numa coluna.
- A coluna foi lavada com 5 volumes de tampão de equilíbrio. As fracções de antigénio ligado foram eluídas com tampão de eluição. Foram preparados gradientes lineares de tampão de eluição em tampão fosfato para atingir a melhor concentração que separa o AgB.

Reagentes

- Tampão de equilíbrio: Fosfato de sódio 20mMAajustar o pH para 7,2 .
- Tampão de eluição :

Gradiente de sal no revestimento (0,0, 0,15, 0,25, 0,35, 0,45, 0,55, 0,56, 0,75, 0,85, 0,95

e 1 M NaCl) foram preparados em tampão fosfato 20 mM.

- Tampão fosfato 20mM Hidrogenofosfato dissódico Dihidrogenofosfato de sódio Ajustar o pH a 7,2 .
- NaOH 0,5 M 1L
- HCl 0,5 M 1L

2.2.4 Eletroforese em gel de poliacrilamida com doudecil sulfato de sódio SDS-PAGE

Para observar a presença de uma banda proteica específica, utilizou-se SDS-PAGE a 12% de acordo com o método descrito por Laemmli (1970) com modificações (utilizando eletroforese horizontal em gel):

Reagentes

1- Solução-mãe de acrilamida 30,8%

Acrilamida	30g
Bisacrilamida	0.8g
SDS 10%	0,1 ml
D.W.até	100ml

2- Tampão de separação do gel (1,5M Tris-base, pH 8,8):

Tris -base	18.15g
HCl 1M	48ml
D.W.até	100ml

Ajustar o pH para 8,8.

3- Tampão de eletroforese pH 8,3:

Tris -base 1M	1.5g
Glicina	7.2g
D.W.até	100ml

4- Persulfato de amónio APS 10%:

APS 1g
Dissolvido em 10 ml de D.W.

5- TEMED N, N, N, N, Tetrametil etileno diamina:

A solução estava pronta a ser utilizada.

6- Solução de coloração (0,1 % Coomassie blue R-250):

Azul de Coomassie 1.2g

Metanol 500 ml

Ácido acético glacial 200 ml

D.W. 500ml

O corante foi dissolvido primeiro em metanol e depois foi adicionado ao ácido acético glacial e à água. A solução de corante foi então filtrada através de papéis de filtro "what man".

7- Solução de descoloração:

Metanol 300 ml
Ácido acético glacial 100 ml
D.W. até 1000ml

8- Solução de conservação:

Ácido acético glacial 7ml
D.W. até 100ml

9- Solução-mãe da amostra:

Tampão de gel de separação (1,5M Tris-base, pH 8,8) 3 ml de bromofenol azul 2ml

10- Preparação da amostra:

Amostra de proteína (antigénio) 1-3 mg
Solução-mãe da amostra 5 ml

2.2.4.1 Preparação do gel de poliacrilamida horizontal de vazamento

As soluções seguintes, ilustradas na tabela (2.4), foram misturadas num balão separado: Tabela (2.4) : Componentes da reação para 12% SDS-PAGE

Reagentes	volume
Água distal	7 ml
1,5M Tris-base pH 8,8	5 ml
30% Acrilamida, 0,8% Bisacrilamida 10% SDS	8 ml
10% Persulfato de amónio	100pl
TEMED	12 pl
Volume total	~ 20,2 ml

O gel foi montado num tabuleiro de moldagem.

A solução de acrilamida foi vertida no gel e o pente foi posicionado numa extremidade do tabuleiro, tendo-se deixado a acrilamida polimerizar a 25° C durante 15 a 30 minutos.

O pente foi cuidadosamente retirado e o tabuleiro de gel foi colocado na câmara de eletroforese. A câmara foi enchida com tampão de eletroforese pH 8,3 até que o tampão atingisse 3-5 mm acima da superfície do gel.

Um volume de 20 µï da amostra tratada e os marcadores de proteína foram carregados em gel de placa horizontal.

O cátodo foi ligado ao lado do poço da unidade e o ânodo ao outro lado.

O gel foi colocado a 60V, 30mA durante 30 minutos e depois a 100 V, 45mA durante 5 horas ou até o azul de bromofenol estar próximo do fim da bandeja de gel.

- O gel foi retirado e colocado num recipiente que contém a coloração azul de coomassie durante uma noite.
- O gel foi retirado da solução de coloração e completamente submerso na solução de descoloração algumas vezes até as bandas de proteínas serem visualizadas.
- O peso molecular das bandas de proteínas visualizadas foi determinado utilizando o marcador de proteínas (10-170) kDa (Mybiosource-USA).

2.2.5 Isolamento das subunidades AgB por electroeluição

Gel 0,1 x 10x 10 cm, poliacrilamida a 12%, carregado com antigénio purificado. Foram cortadas tiras contendo componentes de 8, 16 e 24 kDa e as subunidades foram electroeluídas num aparelho Bio-Rad (Bio-Rad- EUA).

2.2.6 Preparação do antigénio somático solúvel de protocoleces (PSSA)

As PSSA foram preparadas de acordo com o método descrito por Ben Nouir *et al.*(2008), com as seguintes etapas:

- Os protocoleces foram colhidos de quistos frescos de fígado de ovinos férteis diretamente no matadouro de Basra.
- A viabilidade foi determinada pela abordagem da coloração vital com coloração de eosina a 0,2%, utilizando um microscópio.
- Os lotes de protoespecies validados respetivamente foram submetidos a vários ciclos de lavagem com uma solução fisiológica estéril de cloreto de sódio, seguidos de três lavagens com solução salina tamponada com fosfato (PBS; pH 7,2).
- Subsequentemente, as proto-colecções foram sedimentadas a 6.000 rpm durante 10 min e o pellet, suplementado com um volume igual de PBS estéril (pH 7,2), foi armazenado a -20°C até ao processamento posterior.
- Foi obtida uma PSSA através de três ciclos de congelação-descongelação (banho-maria a 37°C, congelação a -20), seguidos de duas sonicações durante 30 s a 57W. O fluido tratado foi sedimentado a 10.000 rpm a 4°C durante 10 min, e

o sobrenadante foi suplementado com 1% de uma solução de PMSF 100 mM e liofilizado.

2.2.7 Estimativa da concentração de proteínas para os antigénios preparados

A concentração proteica dos antigénios preparados foi estimada pelo kit Bradford de acordo com os seguintes passos:

- Albumina de soro bovino Concentrações padrão de proteínas BSA (125,100,80,60,40,20,10,05 µg/ml) foram preparados por diluição de 5 µg/ml de BSA com PBS para obter a curva padrão .
- Foi preparado um volume de 100 µg/ml de cada AgB e PSSA.
- Um volume de 100 µï de diluições seriadas de BSA e amostras de proteínas foram transferidas para um novo tubo limpo , 1 ml de reagente de Bradford foi adicionado a cada tubo (dublicado foi preparado para cada tubo) . Depois de misturadas, as amostras foram incubadas durante 10 min. à temperatura ambiente.
- A densidade ótica (DO) de todas as amostras foi medida por espetrofotómetro a 595 nm.
- A curva padrão foi traçada utilizando a DO média da proteína padrão BSA média vs. a sua concentração em µg/ml, figura (2.1).
- A concentração das amostras de proteínas diluídas foi calculada para obter a concentração original de proteínas com o fator de diluição.

Curva de Bradford

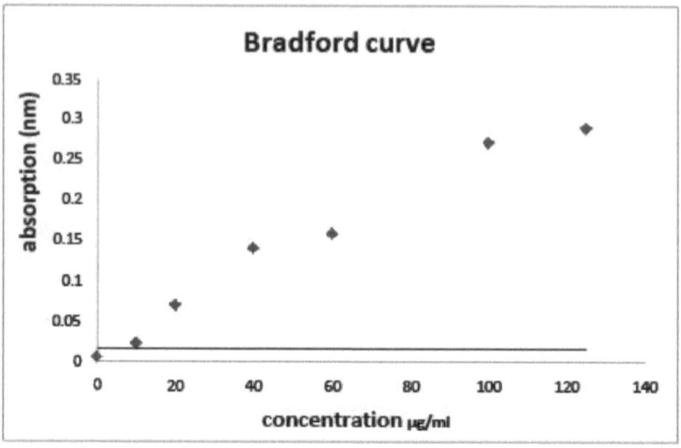

Figura (2.1): Curva padrão de Bradford para determinação da concentração de proteínas.

2.2.8 Titulação em placa de xadrez

2.2.8.1 Avaliação da eficácia diagnóstica de antigénios preparados com imunoglobulina G (IgG) total por ELISA

A técnica ELISA foi utilizada para a deteção de IgG total e a comparação dos valores de desempenho de diagnóstico (DPV) dos antigénios purificados foi realizada da seguinte forma:

- A concentração de reserva de cada antigénio (AgB, subunidades 8kD, 16kDa e 24kDa de AgB e PSSA) foi preparada em tampão de carbonato/bicarbonato de sódio 0,1M, pH 9,2.
- A concentração de stock dos antigénios foi diluída para 5µg/ml, 4µg/ml, 3µg/ml, 2µg/ml, liig/ml e 0,5gg/ml.
- A placa de poliestireno de microtitulação foi revestida por incubação durante a noite a 4 C° com IOOµl/poço de antigénios. Cada antigénio foi revestido numa placa separada.
- Após o período de incubação, a solução de revestimento foi eliminada e as placas foram lavadas três vezes com solução salina tamponada com fosfato (PBS) pH 7,4 e 0,05% de Tween 20 (PBS-T) (tampão de lavagem).
- As placas foram bloqueadas durante 1 hora a 37 °C com 100 µl/poço de albumina de soro bovino a 3% e depois lavadas três vezes com tampão de lavagem.
- As amostras de soro foram diluídas a l:100, l:200, l:300 e l:400 em PBS.
- Em seguida, os soros foram adicionados em duplicado (100 µl/poço) a cada placa revestida e as placas foram incubadas durante 1 hora a 37 °C com agitação.
- Em seguida, as placas foram lavadas como descrito acima, foi adicionado o anticorpo secundário (IgG de ratinho anti-IgG humana marcada com peroxidase de rábano (HRP-IgG)) (100 µl/poço) a uma diluição de 1:2000, 1:3000 e 1:4000 em PBS, e as placas foram incubadas durante 1 hora a 37 °C com agitação.
- Após a lavagem, foi adicionada uma solução de substrato contendo H2O2 e ácido 2,2-azino-bis 3- etilbenz-tiazolina-6-sulfónico em tampão citrato 50 mM, pH 4,0 (100 µl / alvéolo), e incubada no escuro durante 15 min. à temperatura ambiente com agitação.
- A reação foi parada com 100 µl/poço de ácido sulfúrico 3 N e as placas foram lidas a 450 nm num leitor ELISA .

2.2.8.2 Avaliação da eficácia diagnóstica de antigénios preparados com imunoglobulina G1 (IgG1) por ELISA

Para examinar os antigénios preparados com IgG1, repetiu-se o processo descrito em (2.2.8.1), mas o conjugado HRP-IgG foi substituído pelo conjugado HRP-IgG1.

2.2.8.3 Avaliação da eficácia diagnóstica de antigénios preparados com imunoglobulina G4 (IgG4) por ELISA

O processo descrito em (2.2.8.1) foi repetido e o conjugado HRP-IgG foi substituído pelo conjugado HRP-IgG4 .

Quando as titulações em tabuleiro de xadrez foram concluídas, foi escolhida a melhor concentração dos antigénios examinados, a diluição do soro e a diluição do conjugado. A ELESA foi repetida para cada antigénio com todos os conjugados e soros dos doentes, do controlo e de outras infecções parasitárias.

2.2.9 Kit comercial *Echinococcus* IgG ELISA para o serodiagnóstico da hidatidose

A fim de comparar a eficiência dos antigénios preparados da estirpe local com o antigénio equipado com um kit comercial (utilizado num laboratório privado) no serodiagnóstico da infeção humana por *E. granulosus* na província de Basra, foi utilizado o seguinte kit ELISA comercial

Protocolo:

- Foi adicionado um volume de 100 µï do controlo negativo ao poço terra, 100 µï do controlo positivo ao poço 2 e 100 µl das amostras de teste diluídas (1:64) aos restantes poços.
- A placa foi incubada à temperatura ambiente (15 a 25 °C) durante 10 minutos.
- Os poços foram invertidos e lavados 3 vezes com o tampão de lavagem diluído.
- Adicionou-se um volume de 100µl de conjugado enzimático a cada poço e incubou-se à temperatura ambiente durante 5 minutos.
- A placa foi invertida e lavada 3 vezes com o tampão de lavagem diluído.
- A placa foi batida vigorosamente contra toalhas de papel para remover o excesso de humidade.
- Adicionou-se um volume de 100 µl do cromogénio a cada poço e incubou-se à temperatura ambiente durante 5 minutos.
- Foi adicionado um volume de 100 µl da solução de paragem.
- Após 15 minutos, os poços foram lidos a 450 nm. O valor de corte é de 0,3.

2.2.10 Determinação do valor de corte para a preparação de kits

O valor de corte para as pontuações positivas foi calculado como o valor médio de absorvância para o controlo saudável mais 3 desvios-padrão. Utilizando este critério, os soros de doentes com hidatidose foram classificados como verdadeiros positivos (tp) ou falsos negativos (fn), com base nas suas pontuações positivas ou negativas. Da mesma forma, os restantes soros foram classificados como falsos positivos (fp) ou verdadeiros negativos (tn), consoante as leituras fossem superiores ou inferiores ao ponto de corte, respetivamente (Lorenzo *et al.*,2005). Foram utilizadas as seguintes equações para calcular os parâmetros de diagnóstico correspondentes e para determinar o antigénio válido no serodiagnóstico:

- Sensibilidade (se %) tp 100/(tp + fn)
- Especificidade (sp %) tn 100/(tn + fp)
- Eficiência de diagnóstico (de %) (tp +tn) 100/(tp + fp + tn + fn) (Lorenzo *et al.*,2005; Akobeng, 2006 & Parikh *et al.*,2008).
- Valor preditivo positivo (VPP%)= tp 100 / (tp + fp)
- Valor preditivo negativo (NPV%)= tn x100/ (fn + tn)(Akobeng, 2006 & Parikh *et al.*,2008)

2.2.11 Avaliação da eficácia do AgB na imunização

Para avaliar a eficácia do AgB na imunização, foram incluídos no estudo 15 coelhos jovens, cada um com 2-2,5 kg (10 deles foram imunizados e 5 foram tratados como grupo de controlo). O AgB foi emulsionado com um volume igual (v/v) de adjuvante de Freund completo e foram efectuadas três injecções de reforço em 10 coelhos da seguinte forma:

Primeira injeção: Foi injetado subcutaneamente 1 ml de AgB com uma concentração de 500 µg / ml (500 µg de AgB dissolvido em 1 ml de PBS) misturado com 1 ml de adjuvante de Freund completo.

Segunda injeção: Duas semanas mais tarde, os coelhos foram injectados intradermicamente nos membros com 1 ml de AgB com uma concentração de 1000 µg / ml misturado com 1 ml de adjuvante de Freund incompleto.

Terceira injeção: 10 dias após a segunda injeção, os coelhos foram injectados intradermicamente nos membros com 1 ml de AgB com uma concentração de 1000 µg / ml diretamente.

Quarta injeção: 10 dias após a terceira injeção, os coelhos foram injectados intradermicamente nos membros com 1 ml de AgB com uma concentração de 500 µg / ml.

Os coelhos de controlo (5 coelhos) foram injectados apenas com PBS nos mesmos períodos e volumes descritos no esquema de imunização dos coelhos imunizados. Dez dias após a última injeção, todos os coelhos foram sangrados, o sangue foi colhido do coração e os soros foram armazenados a (-20°C) até serem utilizados.

2.2.11.1 Estimativa da concentração total de IgG nos soros de coelhos imunizados e de controlo:

Os soros recolhidos dos coelhos imunizados e dos coelhos de controlo foram testados para medir a concentração total de IgG após 8 semanas de imunização utilizando o kit ELISA .

Protocolo:

- Todos os reagentes e amostras de soro foram levados à temperatura ambiente.
- Foram preparadas consecutivamente diluições em série do padrão (1000, 500, 250, 125, 62,5 e 0 ng\ml) a partir do padrão original.
- Foram colocados poços em branco, poços padrão e amostras de ensaio, respetivamente:

• **Poços em branco**: não adicionar amostras e peroxidase de rábano (HRP),

outras operações foram efectuadas como outros poços.

• **Poços padrão:** Foi adicionado um volume de 50μl de diluições padrão aos poços de microtitulação apropriados.

Poços de amostras de ensaio: Foi adicionado um volume de 40 μl de diluente de amostra aos poços de microtitulação adequados e, em seguida, foram adicionados 10 μl de amostra não diluída e de controlo (a diluição final da amostra é cinco vezes e o cálculo do resultado final deve ser multiplicado por cinco vezes).

- Pipetar um volume de 50 μl de conjugado HRP em cada poço, exceto no poço em branco.
- A placa foi coberta e agitada suavemente, depois incubada a 37 C^0 durante 60 minutos.
- Após o fim do período de incubação, os poços foram lavados três vezes com tampão de lavagem diluído.
- Os poços foram invertidos e colocados em papel absorvente para secar.
- Adicionou-se um volume de 50 μl de solução de cromogénio A a cada poço e, em seguida, 50μl de solução de cromogénio B a cada poço. A placa foi agitada suavemente e incubada durante 10 minutos a 37°C, ao abrigo da luz.
- Foi adicionado um volume de 50μl de solução de paragem a cada poço para parar a reação (o azul muda imediatamente para amarelo).
- A absorvância [densidade ótica (D.O.)] do conteúdo dos alvéolos foi lida a 450 nm num leitor ELISA (Bio-Tek, EUA). O poço em branco foi considerado como zero.
- A concentração de IgG das amostras desconhecidas e dos grupos de controlo foi calculada a partir da curva padrão (figura 2.2).

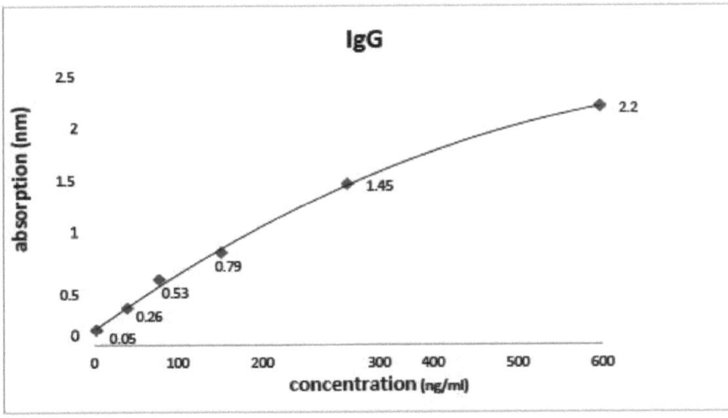

Figura (2.2): Curva padrão da concentração de IgG

2.2.11.2 Estimativa da concentração sérica de IFN-γ em soros de coelhos imunizados e de controlo

Os soros recolhidos de coelhos imunizados e de controlo foram testados para medir a concentração sérica de IFN-γ utilizando o kit ELISA.

Protocolo:

- Todos os reagentes e amostras de soro foram levados à temperatura ambiente.
- Foram preparadas diluições em série do padrão (1000, 500, 250,125, 62,5 e 0 pg\ml) com diluente padrão consecutivamente a partir do padrão original. com diluente padrão.
- Foram colocados poços em branco, poços padrão e amostras de ensaio, respetivamente:

• **Poços em branco**: não foram adicionadas amostras e peroxidase de rábano (HRP),

outras operações foram efectuadas como outros poços

• **Poços padrão:** Foi adicionado um volume de 50μl de diluições padrão aos

poços de microtitulação adequados.

• **Poços de amostras de ensaio:** Foi adicionado um volume de 40μl de diluente de amostra aos poços de microtitulação adequados e, em seguida, foram adicionados 10μl de soro de coelho não diluído e de controlo (a diluição final da amostra é de cinco vezes e o cálculo do resultado final deve ser multiplicado por cinco vezes).

- Foi pipetado um volume de 50 μï de conjugado HRP em cada poço, exceto no poço.

- A placa foi tapada e agitada suavemente, sendo depois incubada a 37 C⁰ durante 60 minutos
- Após o fim do tempo de incubação, os poços foram lavados três ciclos com uma solução diluída de tampão de lavagem.
- Os poços foram invertidos e colados em papel absorvente para secar.
- Adicionou-se um volume de 50 μl de solução de cromogénio A a cada poço e 50 μl de solução de cromogénio B a cada poço. A placa foi agitada suavemente e incubada durante 10 minutos a 37°C, ao abrigo da luz.
- Foram adicionados 50μl de solução de paragem a cada poço para parar a reação (o azul muda imediatamente para amarelo).
- A absorvância [densidade ótica (D.O.)] do conteúdo dos alvéolos foi lida a 450 nm num leitor ELISA (Bio-Tek, EUA). O poço em branco foi considerado como zero.
- A concentração de IFN-γ das amostras desconhecidas e dos grupos de controlo foi calculada a partir da curva padrão (figura 2.3).

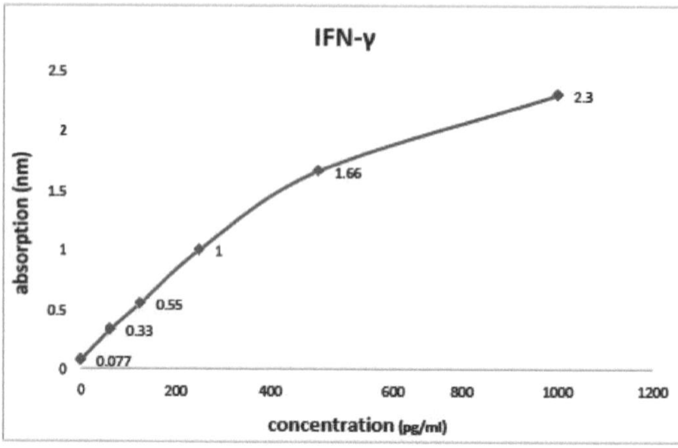

Figura (2.3) Curva padrão da concentração de IFN-γ

2.2.11.3 Estimativa do nível sérico de IL - 10 em soros de coelhos imunizados

A concentração sérica de IL-10 foi medida (em soros recolhidos de coelhos imunizados e de coelhos de controlo) utilizando o kit ELISA.

Protocolo:

- Todos os reagentes e amostras de soro foram levados à temperatura ambiente.
- As diluições em série do padrão (800, 400, 200, 100, 50 e 0 pg/ml) foram preparadas consecutivamente a partir do padrão original com diluente padrão.

■ Os alvéolos em branco, os alvéolos padrão e as amostras de ensaio foram colocados conforme descrito em (2.2.10.3).

■ Foi pipetado para o poço um volume de 50 µl de padrão, soro de coelho e grupos de controlo.

■ Adicionou-se um volume de 50 µl de conjugado HRP pronto a utilizar a cada poço, exceto ao poço branco.

■ A placa foi coberta com película adesiva e incubada a 37C^0 durante 60 minutos

.

■ No final do tempo de incubação, a película adesiva foi removida e os poços foram lavados três ciclos com tampão de lavagem diluído.

■ Após o fim do tempo de incubação, os poços foram lavados três ciclos com tampão de lavagem diluído.

■ A solução de substrato e a solução de paragem foram adicionadas como descrito em (2.2.10.3).

■ A densidade ótica (D.O.) do conteúdo dos alvéolos foi lida a 450 nm utilizando um leitor de placas de microtítulo (Bio-Tek, EUA). O poço em branco foi considerado como zero.

■ A concentração de IL-10 das amostras desconhecidas e dos grupos de controlo foi calculada a partir da curva padrão (figura 2.4).

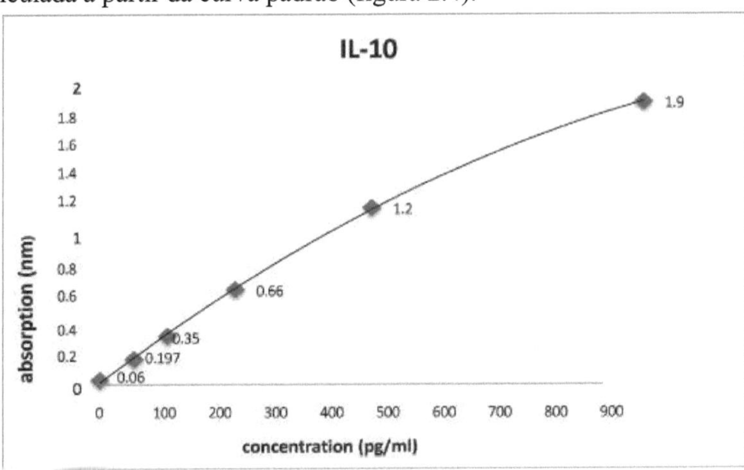

Figura (2.4): Curva padrão da concentração de IL-10

2.2.12 Análise estatística

A análise da caraterística de funcionamento do recetor (ROC) foi utilizada para analisar os dados com o SPSS. As curvas ROC foram geradas traçando a sensibilidade versus1-especificidade, e a área sob a curva foi utilizada para efetuar uma comparação em pares do desempenho diagnóstico dos antigénios. (Lorenzo *et al.*,2005).

Foi utilizado o teste T independente para comparar as diferenças entre os coelhos imunizados e os coelhos de controlo, utilizando o programa SPSS. Os resultados foram considerados significativos com p (< 0,05).

Capítulo 3

Resultados

3.1 Cromatografia de permuta aniónica

A melhor concentração de NaCl para separar o AgB do HF foi de 0,45 M, de acordo com a leitura espectrofotométrica, o que confirma todas as eluições separadas da coluna de EDEA-sepharose para todas as concentrações de NaCl utilizadas (0, 0,15, 0,25, 0,35, ... 1 M).

3.2 Eletroforese em gel de poliacrilamida

Os resultados mostraram que o peso molecular do AgB da estirpe local é de (138) kDa e que foi separado nas suas diferentes bandas (8, 16, 24 e 90) kDa, de acordo com a figura (3.1).

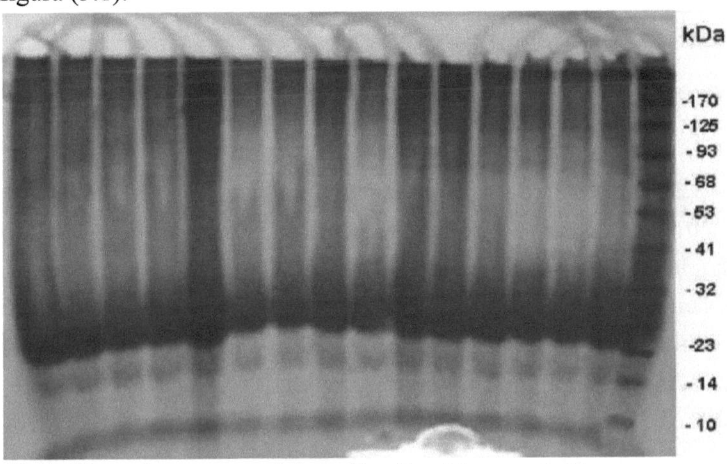

Figura (3.1): Eletroforese em gel de poliacrilamida para AgB.

3.3 Concentração de proteínas

As concentrações de todos os antigénios preparados foram determinadas da seguinte forma: AgB = 140 µg/ml, 8kDa = 122 µg/ml, 16kDa = 118 µg/ml, 24kDa = 105,5
µg/ml e PSSA = 95 µg/ml.

3.4 Determinação das diluições óptimas para todos os reagentes no teste ELISA

A primeira etapa da execução de um teste ELISA consiste em padronizar as diluições que serão utilizadas em ensaios posteriores, a fim de determinar qual é o ponto mais baixo de diluição do soro antes de afetar a sensibilidade. Esta fase é vital para garantir que o teste pode ser reproduzido e que os resultados são exactos. Para o efeito, foi realizado um teste ELISA indireto utilizando a titulação checkerboard, diluições lineares dos antigénios preparados e os soros dos doentes foram preparados e examinados com IgG total anti-humana, IgG1 e IgG4. Os resultados selecionados são apresentados no quadro (3.1).

Tabela (3.1): Titulação em tabuleiro de controlo dos resultados dos testes ELISA.

Antigénios	**Imunoglobulinas**	**Concentração de Ags**	**Diluição do soro**
AgB	IgG total	0,5 g/ml	1:300
	IgG1	liig/mi	1:200
	IgG4	liig/mi	1;200
8 kD AgB	IgG total	1 g/ml	1:200
	IgG1	2 g/ml	1:200
	IgG4	2 g/ml	1:200
16kD AgB	IgG total	2 g/ml	1:300
	IgG1	2 g/ml	1:200
	IgG4	2 g/ml	1:200
24kD AgB	IgG total	1 g/ml	1:300
	IgG1	2 g/ml	1:200
	IgG4	2 g/ml	1:200
PSSA	IgG total	0,5 g/ml	1:300
	IgG1	1 µg/ml	1:200
	IgG4	1 µg/ml	1:200

3.5 Eficiência do AgB no serodiagnóstico por teste ELISA

Em primeiro lugar, foram determinados os valores de corte para o AgB com todas as imunoglobulinas estudadas, IgG total, IgG1 e IgG4, a fim de calcular a sensibilidade (Se%), a especificidade (Sp%), a eficácia do diagnóstico (De%), o valor preditivo positivo (PPV%) e o valor preditivo negativo (NPV%).

Os dados actuais referem que os valores de corte foram (1,626), (0,461) e (0,416) para IgG total, IgG1 e IgG4, respetivamente, como na tabela (3.2) e nas figuras (3.2), (3.3) e (3.4).Tabela (3.2): Números de tp, tn, fp, fn e valor de corte para o teste ELISA do AgB

examinados com IgG total, IgG1 e IgG4.

Iininiinogliibiilinas	**Doentes**			**Saudável**			**Corte**
	Não.	tp	fn	Não.	tn	fp	
IgG total	80	51	29	40	37	3	1.626
IgG1	80	68	12	40	37	3	0.461
IgG4	80	71	9	40	37	3	0.416

tp=verdadeiro positivo fn=falso negativo tn=verdadeiro negativo fp=falso positivo

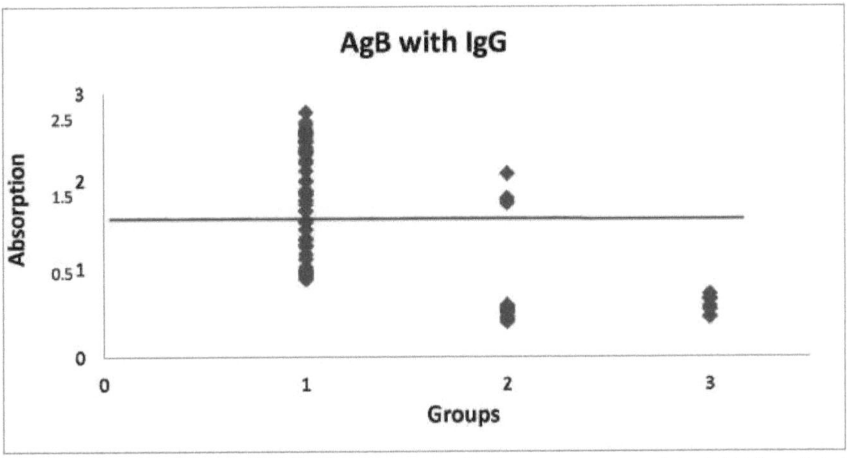

Figura (3.2): Análise IgG-ELISA de soros de doentes com quisto hidático (pista 1), soros humanos de controlo (pista 2) e outras infecções parasitárias (pista 3) para AgB. A linha horizontal representa um valor de corte.

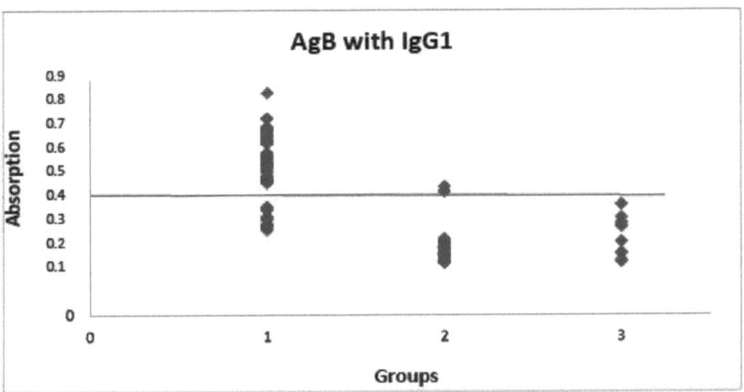

Figura (3.3): Análise IgG1-ELIS de soros de doentes com quisto hidático (pista 1), soros humanos de controlo (pista 2) e outras infecções parasitárias (pista 3) para AgB. A linha horizontal representa um valor de corte.

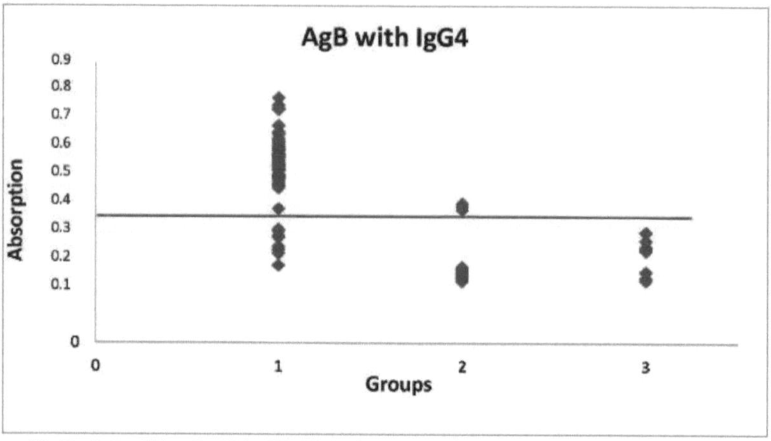

Figura (3.4): I Análise IgG4 -ELISA de soros de doentes com quisto hidático (pista 1), soros humanos de controlo (pista 2) e outras infecções parasitárias (pista 3) para AgB. A linha horizontal representa um valor de corte.

A DO da leitura ELISA que é igual ou superior ao valor de corte nos soros dos doentes é representada como resultado positivo verdadeiro (tp). O número de soros tp registados no caso AgB foi de (51) , (68) e (71) para IgG total, IgG1 e IgG4, respetivamente. Enquanto a DO abaixo do valor de corte representou um resultado falso negativo (fn) (29) , (12) e (9), respetivamente. No grupo de controlo, a DO igual ou superior ao valor de corte registou um resultado falso positivo (fp), que foi de (3) para a IgG total, IgG1 e IgG4, respetivamente, enquanto a DO inferior ao valor de corte registou um resultado verdadeiramente negativo (tn), que foi de (37) para cada uma das IgG totais, IgG1 e IgG4, respetivamente, tabela (3.2).

Utilizando os valores de tp, fn, tn e fp, foram calculados os valores de Se%, Sp%, De%, PPV% e NPV% para o AgB, como indicado na tabela (3.3). A Se% foi de (63,75 , 85 e 88,75) % para o total de IgG, IgG1 e IgG4, respetivamente, enquanto a Sp% foi de (92,5 , 92,5 e 92,5)% para o total de IgG, IgG1 e IgG4, respetivamente. Enquanto que De%, PPV% e NPV% foram (73,333 , 87,5 e 90) %; (94,444, 95,774 e 95,945)%; (56,06 , 75,51 e 80,434)% para o total de IgG, IgG1 e IgG4, respetivamente. Tabela (3.3): Comparação dos parâmetros de diagnóstico efectuados por ELISA para IgG total, IgG1 e IgG4 examinados com AgB.

Ininiinogliibiilinas	Se%	Sp%	De%	PPV%	VPL%
IgG	63.75	92.5	73.333	94.444	56.06
IgG1	85	92.5	87.5	95.774	75.51

IgG4	88.75	92.5	90	95.945	80.434

Se%=sensibilidade Sp%= especificidade De%= eficácia do diagnóstico VPP%=valor produtivo positivo VPL%=valor produtivo negativo

3,6 8 kDa AgB eficiência no serodiagnóstico

Os valores de corte foram determinados para 8 kDa AgB com IgG total, IgG1 e IgG4 como (0,392), (0,238) e (0,268) respetivamente, tabela (3.4) e figura (3.5), (3.6) e (3.7).

Tabela (3.4): Números de tp, tn, fp, fn e valor de corte para o teste ELISA da 8kDasubunit de AgB examinada com IgG total, IgG1 e IgG4.

Imunoglubulinas	Doentes			Controlo			Corte
	Não.	tp	fn	Não.	tn	fp	
IgG total	80	75	5	40	38	2	0.392
IgG1	80	77	3	40	38	2	0.238
IgG4	80	79	1	40	40	0	0.268

tp=verdadeiro positivo fn=falso negativo tn=verdadeiro negativo fp=falso positivo

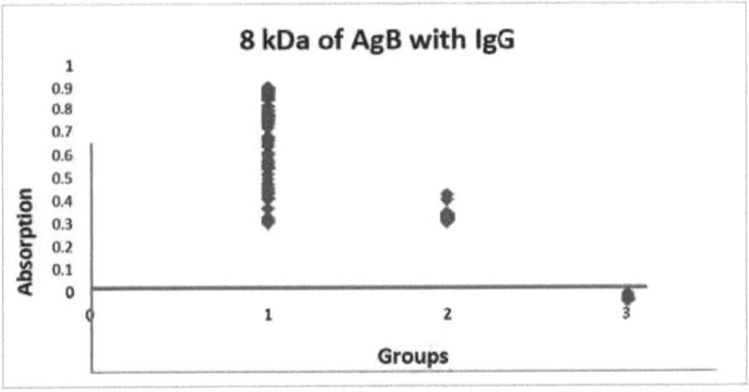

Figura (3.5): Análise IgG-ELISA de soros de doentes com quisto hidático (pista 1), soros humanos de controlo (pista2) e outras infecções parasitárias (pista3) para a subunidade 8kDa de AgB. A linha horizontal representa um valor de corte.

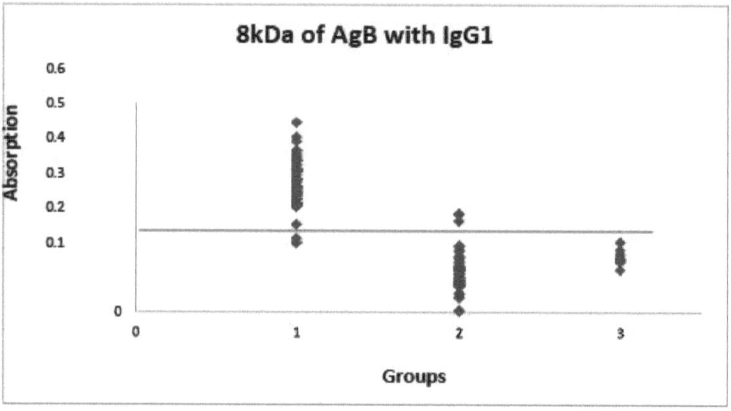

Figura (3.6): Análise IgG1 -ELISA de soros de doentes com quisto hidático (pista 1), soros humanos de controlo (pista 2) e outras infecções parasitárias (pista 3) para a subunidade 8kDa de AgB. A linha horizontal representa um valor de corte

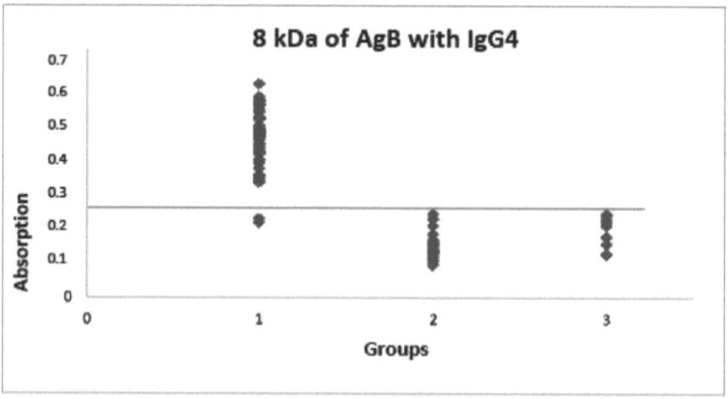

Figura (3.7): Análise IgG4 -ELISA de soros de doentes com quisto hidático (pista 1), soros humanos de controlo (pista 2) e outras infecções parasitárias (pista 3) para a subunidade 8kDa de AgB. A linha horizontal representa um valor de corte.

Figure (2)   ): Análise IgG4 -ELISA de soros de doentes com quisto hidático (pista 1), soros humanos de controlo (pista 2) e outras infecções parasitárias (pista 3) para a subunidade 8kDa de AgB. A linha horizontal representa um valor de corte.

Os valores dos soros tp registados no caso da subunidade 8kDa foram (75), (77) e (79) para IgG total, IgG1 e IgG4, respetivamente, pelo que o número de soros registados como fn foi (5), (3) e (1), respetivamente. (Os resultados de fp foram (2), (2) e (0) para IgG total, IgG1 e IgG4, respetivamente, e os resultados de tn foram (38), (38) e (40) para IgG total, IgG1 e IgG4, respetivamente, tabela (3.4). A partir destes valores, foram obtidos os valores de Se%, Sp%, De%, PPV% e NPV%. Os valores de Se%, Sp% e De% para IgG total, IgG1 e IgG4 foram (93,75, 96,25 e 98,75)%; (95, 95 e 100)%; (94,116, 95,833 e 99,116)%, respetivamente. Também o VPP% e o VPN% foram (94,936, 97,468 e 100)%; (88,372, 92,682 e 97,56) %, tabela (3.5).

Tabela (3.5): Comparação dos parâmetros de diagnóstico efectuados por ELISA para IgG total, IgG1 e IgG4 examinados com a subunidade de 8 kDa do AgB.

Ininiinogliibiilina	**Se%**	**Sp%**	**De%**	**PPV%**	**VPL%**
IgG total	93.75	95	94.116	94.936	88.372
IgG1	96.25	95	95.833	97.468	92.682
IgG4	98.75	100	99.116	100	97.56

Se%=sensibilidade Sp%=especificidade De%=eficiência diagnóstica VPP%=valor produtivo positivo VPL%=valor produtivo negativo

3,7 16 kDa AgB eficiência no serodiagnóstico por teste ELISA

Os valores de corte para a subunidade de 16 kDa de AgB foram indicados na tabela (3.6), sendo (0,475), (0,208) e (0,240) para IgG total, IgG1 e IgG4, respetivamente, figura (3.8), (3.9) e (3.10).

Tabela (3.6): Números de tp, tn, fp, fn e valor de corte para o teste ELISA da 16kDasubunit de AgB examinada com IgG total, IgG1 e IgG4.

Imunoglobulinas	**Doentes**			**Controlo**			**Corte**
	Não.	tp	fn	Não.	tn	fp	
IgG total	80	75	5	40	38	2	0.475
IgG1	80	76	4	40	38	2	0.208
IgG4	80	77	3	40	40	0	0.240

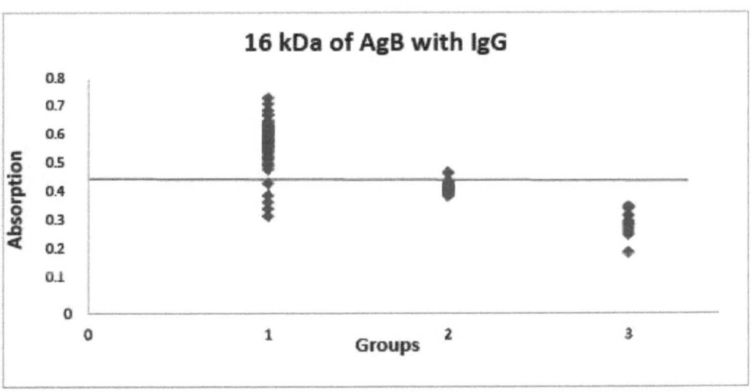

Figura (3.8): Análise IgG-ELISA de soros de doentes com quisto hidático (pista 1), soros humanos de controlo (pista 2) e outras infecções parasitárias (pista 3)

para a subunidade 16 kD de AgB. A linha horizontal representa um valor de corte.

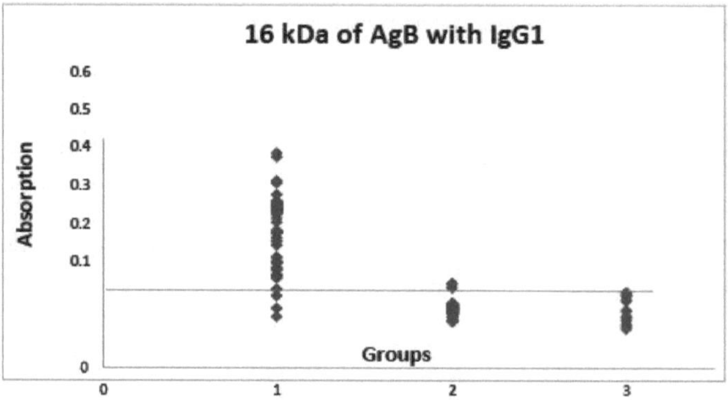

Figura (3.9): Análise IgG1-ELISA de soros de doentes com quisto hidático (pista 1), soros humanos de controlo (pista 2) e outras infecções parasitárias (pista 3) para a subunidade de 16 kDa de AgB. A linha horizontal representa um valor de corte.

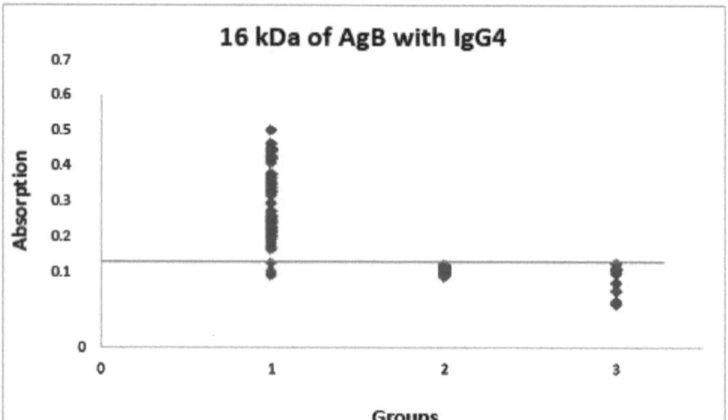

Figura (3.10): Análise IgG4-ELISA de soros de doentes com quisto hidático (pista 1), soros humanos de controlo (pista 2) e outras infecções parasitárias (pista 3) para a subunidade 16kDa de AgB. A linha horizontal representa um valor de corte.

Os soros Tp foram obtidos por ELISA indireto (75), (76) e (77), pelo que o número de soros fn foi de (5), (4) e (3) para a IgG total, a IgG1 e a IgG4, respetivamente. (Os resultados dos soros de controlo (fp) foram (2), (2) e (0), enquanto os resultados dos soros tn foram (38), (38) e (40) para IgG total, IgG1 e IgG4, respetivamente, quadro 3.6.)

Os valores de Se%, Sp% e De% para IgG total, IgG1 e IgG4 foram (93,75), (95) e (96,25); (95), (95) e (100); (94,116), (95) e (97,5), respetivamente.

Também o VPP% e o VPN% foram (94,936), (97,435) e (100); (88,372), (90,476) e (90,023), tabela (3.7).

Tabela (3.7): Comparação dos parâmetros de diagnóstico efectuados por ELISA para IgG total, IgG1 e IgG4 examinados com a subunidade de 16 kDa do AgB.

Ininiinogliibiilina	**Se%**	**Sp%**	**De%**	**PPV%**	**VAL%**
IgG total	93.75	95	94.116	94.936	88.372
IgG1	95	95	95	97.435	90.476
IgG4	96.25	100	97.5	100	90.023

Se%=sensibilidade Sp%= especificidade De%= eficácia do diagnóstico VPP%=valor produtivo positivo VPL%=valor produtivo negativo

3,8 Eficiência do AgB de 24 kDa no serodiagnóstico por teste ELISA

Os valores de corte foram determinados para 24 kDa AgB com IgG total, IgG1 e IgG4 como (0,567), (0,217) e (0,294) respetivamente, tabela (3.8) e figura (3.11), (3.12) e (3.13).

Tabela (3.8): Números de tp,tn,fp,fn e valor de corte para o teste ELISA da 24kDasubunit de AgB examinada com IgG total, IgG1 e IgG4.

Imunoglubulinas	**Doentes**			**Controlo**			**Corte**
	Não.	tp	fn	Não.	tn	fp	
IgG total	80	75	5	40	38	2	0.567
IgG1	80	76	4	40	38	2	0.217
IgG4	80	77	3	40	39	1	0.294

tp=verdadeiro positivo fn=falso negativo tn=verdadeiro negativo fp=falso positivo

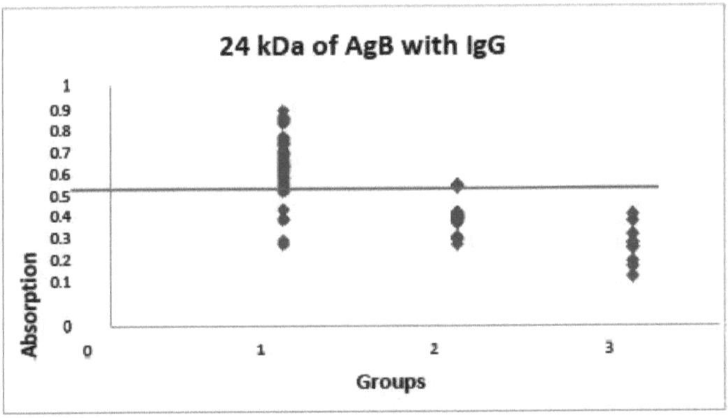

Figura (3.11): Análise IgG-ELISA de soros de doentes com quisto hidático (pista 1), soros humanos de controlo (pista 2) e outras infecções parasitárias (pista 3) para a subunidade de 24 kDa do AgB. A linha horizontal representa um valor de corte.

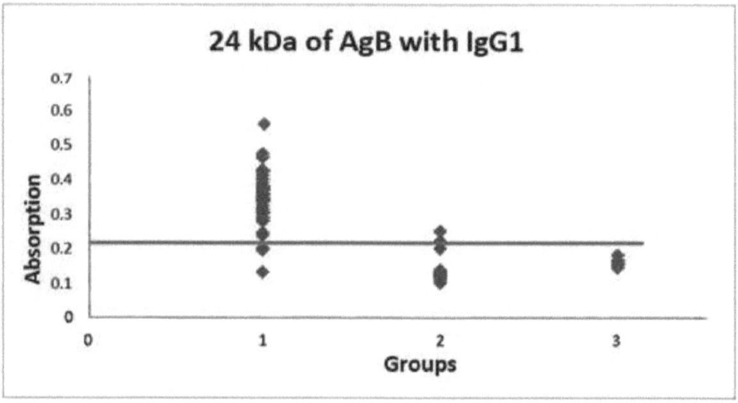

Figura (3.12): Análise IgG1-ELISA de soros de doentes com quisto hidático (pista 1), soros humanos de controlo (pista 2) e outras infecções parasitárias (pista 3) para a subunidade 24kDa de AgB. A linha horizontal representa um valor de corte.

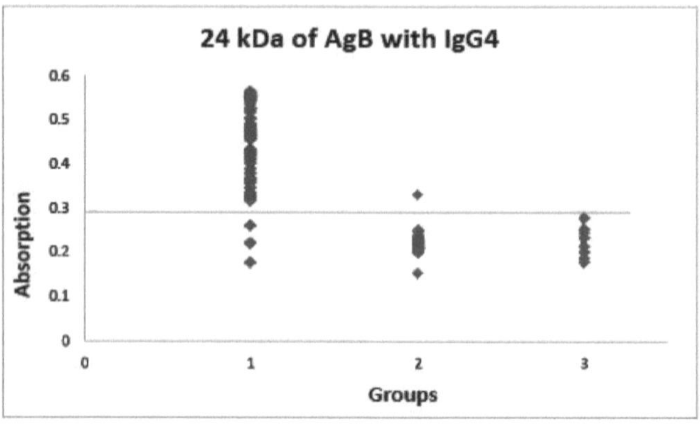

Figura (3.13): Análise IgG4-ELISA de soros de doentes com quisto hidático (pista 1), soros humanos de controlo (pista 2) e outras infecções parasitárias (pista 3) para a subunidade 24kDa de AgB. A linha horizontal representa um valor de corte.

O número de soros tp registados no caso da subunidade 24kDa foi de (75), (76) e (77) para IgG total, IgG1 e IgG4, respetivamente, pelo que o número de soros registados como fn foi de (5), (4) e (3), respetivamente.Enquanto que os resultados de fp foram (2), (2) e (1) para o total de IgG, IgG1 e IgG4, respetivamente, e os resultados de tn foram (38), (38) e (39) para o total de IgG, IgG1 e IgG4, respetivamente, tabela (3.8). A partir destes valores, foram obtidos os valores de Se%, Sp%, De%, PPV% e NPV%. Os valores de Se%, Sp% e

De% para IgG total, IgG1 e IgG4 foram (93,75, 95 e 96,25)%; (95, 95 e 97,5)%; (94,116, 95 e 96,666)%, respetivamente. Também o VPP% e o VPN% foram (94,936, 97,435 e 98,717)%; (88,372, 90,476 e 92,857)%, tabela (3.9).

Tabela (3.9): Comparação dos parâmetros de diagnóstico efectuados por ELISA para IgG total, IgG1 e IgG4 examinados com a subunidade de 24 kDa do AgB.

Iininiinogliibiilina	**Se%**	**Sp%**	**De%**	**PPV%**	**VPL%**
IgG total	93.75	95	94.116	94.936	88.372
IgG1	95	95	95	97.435	90.476
IgG4	96.25	97.5	96.666	98.717	92.857

Se%=sensibilidade Sp%= especificidade De%= eficácia do diagnóstico
VPP%=valor produtivo positivo VPL%=valor produtivo negativo

3.9 Eficiência da PSSA no serodiagnóstico por teste ELISA

Os dados actuais documentaram que os valores de corte foram (0,800), (0,617) e (0,627) para IgG total, IgG1 e IgG4, respetivamente, tabela (3.10) e figura (3.14), (3.15) e (3.16).

Tabela (3.10): Números de tp, tn, fp, fn e valor de corte para o teste ELISA de PSSA examinado com IgG total, IgG1 e IgG4.

Iininiinogliibiilinas	**Doentes**			**Controlo**			**Corte**
	Não.	tp	fn	Não.	tn	fp	
IgG total	80	15	65	40	36	4	0.800
IgG1	80	70	10	40	37	3	0.617
IgG4	80	68	12	40	37	3	0.627

tp=verdadeiro positivo fn=falso negativo tn=verdadeiro negativo fp=falso positivo

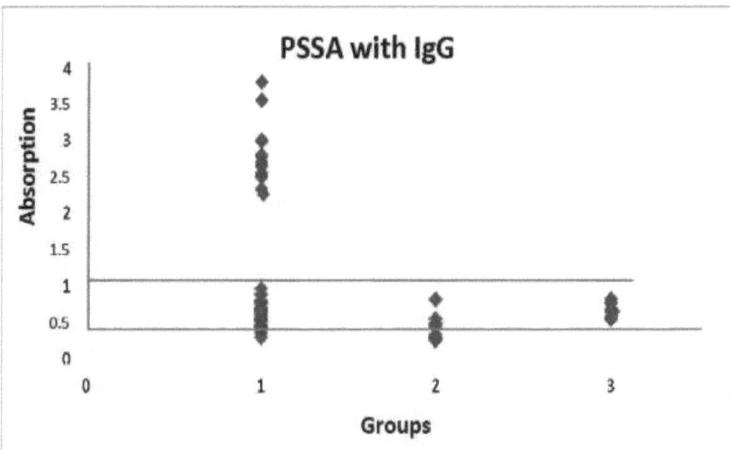

Figura (3.14): Análise IgG-ELISA de soros de doentes com quisto hidático (pista 1), soros humanos de controlo (pista 2) e outras infecções parasitárias (pista 3) para PSSA. A linha horizontal representa um valor de corte.

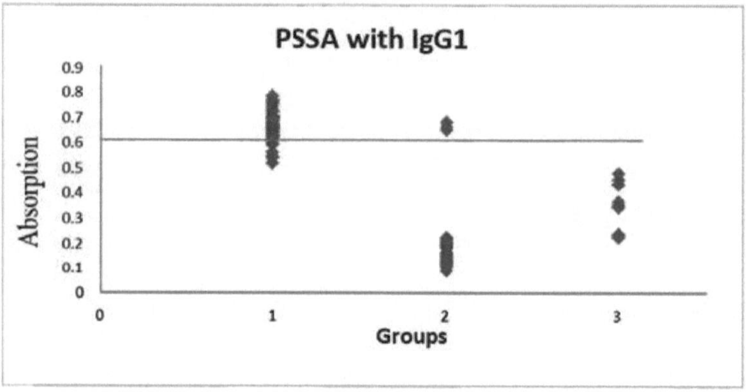

Figura (3.15): Análise IgG-ELISA de soros de doentes com quisto hidático (pista 1), soros humanos de controlo (pista 2) e outras infecções parasitárias (pista 3) para PSSA. A linha horizontal representa um valor de corte.

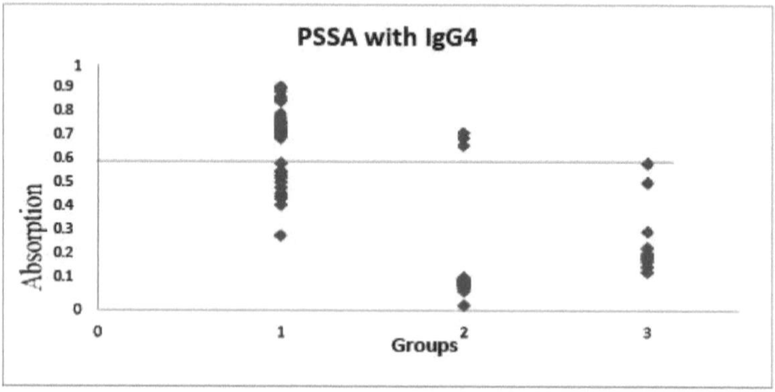

Figura (3.16): Análise IgG4-ELISA de soros de doentes com quisto hidático (pista 1), soros humanos de controlo (pista 2) e outras infecções parasitárias (pista 3) para PSSA. A linha horizontal representa um valor de corte.

Os resultados registados da PSSA indicaram que o número de soros tp foi de (15), (70) e (68) para IgG total, IgG1 e IgG4, respetivamente, pelo que o número de soros registados como fn foi de (75), (10) e (12), respetivamente. Enquanto os resultados (fp) foram (4), (3) e (3) para o total de IgG, IgG1 e IgG4, respetivamente, e os resultados tn foram (36), (37) e (37) para o total de IgG, IgG1 e IgG4, respetivamente, tabela (3.10).

Além disso, os valores de Se%, Sp% e De% para IgG total, IgG1 e IgG4 foram (18,75, 87,5 e 85)%; (92,5, 92,5 e 92,5)%; (42,5, 89,166 e 87,5)%, respetivamente. Também o VPP% e o VPN% foram (78,94, 95,89 e 95,774)% ;

(35,643, 78,723 e 75,51)% , tabela (3.11).

Table (11)): Comparação dos parâmetros de diagnóstico efectuados por ELISA para

IgG total, IgG1e IgG4 examinadas com PSSA.

Iininiinogliibiilina	Se%	Sp%	De%	PPV%	VAL%
IgG total	18.75	92.5	42.5	78.94	35.643
IgG1	87.5	92.5	89.166	95.89	78.723
IgG4	85	92.5	87.5	95.774	75.51

Se%=sensibilidade Sp%= especificidade De%= eficácia do diagnóstico
VPP%=valor produtivo positivo VPL%=valor produtivo negativo

De acordo com o resultado da curva da caraterística de funcionamento do recetor (ROC), a figura (3.17) revelou que a precisão de diagnóstico mais elevada foi registada com a subunidade 8kDa do AgB quando testada com IgG1 e IgG4, sendo que a área sob a curva para ambos os testes de diagnóstico foi de 0,997, tabela (3.12).

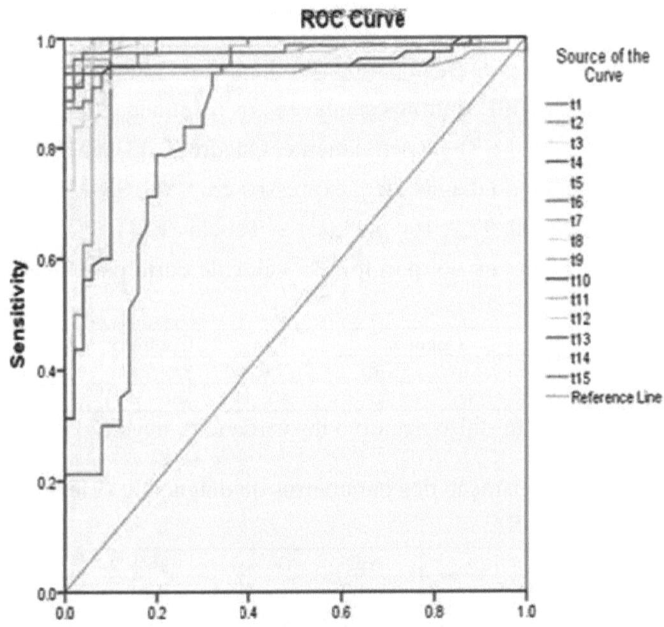

Figura (3.17): Curva ROC para todos os testes de diagnóstico preparados

Table (12)): Área sob a curva para todos os testes de diagnóstico preparados

Área sob a curva

Resultado do teste da(s)	Área	SE	Sig. assintótico	Assintótico 95% Intervalo de confiança

variável(eis) estudada(s)				Inferior Ligado	Limite superior
t1 (PSSA+IgG)	.850	.039	.000	.774	.926
t2 (PSSA+IgG1)	.969	.018	.000	.933	1.000
t3 (PSSA+IgG4)	.984	.008	.000	.967	1.000
t4 (AgB+ IgG)	.950	.022	.000	.906	.994
t5 (AgB+ IgG1)	.983	.008	.000	.967	.999
t6 (AgB+ IgG4)	.986	.007	.000	.972	.999
t7 (8kDa+ IgG)	.946	.023	.000	.900	.992
t8 (8kDa+ IgG1)	.997	.002	.000	.993	1.000
t9 (8kDa+ IgG4)	.997	.003	.000	.991	1.000
t10 (16kDa+ IgG)	.958	.020	.000	.918	.998
t11 (16kDa+ IgG1)	.981	.013	.000	.955	1.000
t12 (16kDa+ IgG4)	.982	.013	.000	.956	1.000
t13 (24kDa+ IgG)	.960	.019	.000	.922	.997
t14 (24kDa+ IgG1)	.991	.006	.000	.978	1.000
t15 (24kDa+ IgG4)	.981	.013	.000	.954	1.000

Onde SE= erro padrão

3.10 Avaliação da eficácia do kit comercial IgG - ELISA para serodiagnóstico

Ao utilizar o kit ELISA comercial para o serodiagnóstico de (80) pessoas com suspeita de sarampo e (40) controlos saudáveis, os resultados indicaram que tp, tn, fp e fn eram (77,40, 0 e 3), respetivamente, Quadro (3.13), enquanto os valores de desempenho do diagnóstico, expressos em Se%, Sp%, De%, PPV% e NPV%, eram (96,25,100, 97,2, 100 e 93,02)%. Tabela (3.14).

Table (13)): Números de tp,tn,fp,fn e valor de corte para o teste ELISA-IgG do kit comercial

Imunoglobulinas	Doentes			Controlo			Corte
	Não.	tp	fn	Não.	tn	fp	
IgG total	80	77	3	40	40	0	0.3

tp=verdadeiro positivo fn=falso negativo tn=verdadeiro negativo fp=falso positivo

Table (14)): Comparação dos parâmetros de diagnóstico efectuados por um kit comercial IgG - ELISA.

Imunoglobulinas	Se%	Sp%	De%	PPV%	VPL%
IgG	96.25	100	97.5	100	93.023

Se%=sensibilidade Sp%= especificidade De%= eficácia do diagnóstico VPP%=valor produtivo positivo VPL%=valor produtivo negativo

3.11 Avaliação da eficácia do AgB na imunização

Neste estudo, os coelhos foram imunizados com AgB para examinar a capacidade deste antigénio em induzir a produção de anticorpos e determinar qualquer tipo de resposta imunitária que será induzida.

Após 8 semanas de imunização com AgB , os soros examinados de (10) coelhos imunizados mostraram níveis significativamente elevados ((P < 0,05) (45,9) ng/ml de IgG em comparação com os coelhos de controlo (16,6) ng/ml. Tabela (3.15).

Tabela (3.15): Níveis de IgG em coelhos imunizados e de controlo.

Grupos	**Número**	**Gama**	**média**	**SD±**	**SE**
Coelhos imunizados	10	38-55	45,9 ng/ml	5.466	1.728
Coelhos de controlo	5	13-20	16,6 ng/ml	3.049	1.363

Os níveis de citocinas de Thl (IFN-γ) e Th2 (IL-10) após 8 semanas de imunização foram medidos em todos os grupos experimentais. A análise dos dados revelou que as concentrações médias de IFN-γ nos coelhos imunizados (28,6 pg/ml) foram significativamente (P < 0,05) inferiores às do grupo de controlo (83,6 pg/ml).

Tabela (3.16): Níveis séricos de IFN-γ em coelhos imunizados e de controlo.

Grupos	**Número**	**Gama**	**média**	**SD±**	**SE**
Coelhos imunizados	10	20-37	28,6 pg/ml	6.736	2.130
Coelhos de controlo	5	77-95	83,6 pg/ml	6.985	3.124

Por outro lado, no caso da IL-10, as concentrações médias nos coelhos imunizados (60,1) pg/ml foram significativamente (P < 0,05) superiores às do grupo de controlo (18,8) pg/ml.

Tabela (3.17): Níveis séricos de IL-10 em coelhos imunizados e de controlo.

Grupos	**Número**	**Gama**	**média**	**SD±**	**SE**
Coelhos imunizados	10	25-90	60,1 pg/ml	25.886	8.185
Coelhos de controlo	5	3-40	18,8 pg/ml	13.442	6.011

Capítulo 4

Discussão

4.1 Purificação de antigénios e serodiagnóstico

Os organismos *Echinococcus* são agentes patogénicos multicelulares muito complexos. São altamente imunogénicos, estimulando respostas celulares pró-inflamatórias, uma produção significativa de anticorpos, células T e outras respostas mediadas por células no ser humano e noutros hospedeiros intermediários. A compreensão destes mecanismos imunitários é de importância fundamental para desvendar as respostas protectoras subjacentes do hospedeiro. É evidente que a imunidade do hospedeiro desempenha um papel importante na relação natural entre o hospedeiro e o parasita na equinococose (Zhang *et al.*, 2008).

Nos seres humanos, *o E. granulosus* induz respostas imunitárias humorais e celulares. A maioria dos doentes com EC produz várias classes de anticorpos séricos. Embora nenhum destes anticorpos esteja associado a proteção, são indicadores de diagnóstico valiosos (Ortona *et al.*,2005).

Para um diagnóstico serológico preciso e para apoio ao diagnóstico clínico da equinococose, é essencial a seleção de um antigénio de imunodiagnóstico específico. Para a deteção de anticorpos séricos *anti-Echinococcus* em testes serológicos, o ensaio de imunoabsorção enzimática, o teste de anticorpos de hemaglutinação indireta (IHAT) e o teste de aglutinação em látex (LAT) são habitualmente utilizados em laboratórios (Mamuti *et al.,* 2002), e alguns outros testes são utilizados com menos frequência, como o teste de anticorpos de imunofluorescência (IFAT) e a imunoeletroforese (IEP). Em muitos países, os materiais, reagentes e equipamento para efetuar o IgG-ELISA estão facilmente disponíveis, e esta técnica é provavelmente a melhor escolha para utilização no imunodiagnóstico da EC humana (Khosravi *et al.,*2012).

No entanto, ainda não existe um teste serológico padrão, altamente sensível e específico para a deteção de anticorpos em casos de EC humana (Mamuti *et al.,* 2002), o ELISA-IgG é um dos testes mais sensíveis atualmente disponíveis (Hashemitabar *et al.,* 2008) e o IFAT tem uma sensibilidade semelhante à do ELISA-IgG. Muitos laboratórios empregam pelo menos dois testes primários diferentes para o diagnóstico de rotina da EC, o que normalmente aumenta a sensibilidade devido às sensibilidades variáveis dos vários testes (Eris *et al.,* 2009). Diferentes estudos registaram um intervalo de sensibilidade entre (60-90)% para o ELISA e um intervalo de especificidade entre (75-90)% (Sandhu *et al.,* 2009).

Atualmente, o diagnóstico baseia-se na identificação das estruturas do quisto por técnicas de imagiologia (ultrassonografia, tomografia computorizada, raios X) e na confirmação por testes de imunodiagnóstico , predominantemente ELISA e immunoblotting (Taghipour *et al.*,2009).

Os antigénios *de E. granulosus* têm diferentes fracções, como o AgB preparado, que tem 8, 16, 24 e 36 kDa, com diferentes sensibilidades no diagnóstico da doença em diferentes animais, como foi indicado noutros estudos (Zhang e McManus, 2006). Assim, a escolha de uma fração de antigénio objetivo que tenha a maior sensibilidade e especificidade no diagnóstico da doença pode ser considerada como um objetivo para o desenvolvimento de um teste fiável para o diagnóstico da HC. Para atingir este objetivo, o primeiro passo é preparar um antigénio purificado do parasita que possa ser reconhecido pela maioria dos soros de pacientes humanos e escolher o melhor para o diagnóstico, depois fraccioná-lo e examinar cada fração como um novo antigénio que possa ser detectado pelos anticorpos do soro dos pacientes de forma mais forte e eficaz do que os outros e avaliar qual a classe ou subclasse de imunoglobulina que tem o melhor valor de desempenho de diagnóstico.

No presente trabalho, o teste ELISA foi escolhido para identificar a eficácia de cinco antigénios purificados (AgB, subunidades de 8, 16 e 24 kDa de AgB e PSSA) de uma estirpe local de quisto hidático *de E. granulosus* com diferentes imunoglubulinas (IgG total, IgG1 e IgG4), a fim de conceber um kit ELISA local para o diagnóstico da hidatidose humana na província de Basra. Para o isolamento e purificação do AgB, foi aplicada no presente trabalho a cromatografia aniónica (que representou uma forma mais adequada de isolamento e purificação), utilizada por outros trabalhadores (Al-Yaman e Knobloch,1989 & Gonzalez *et al.,* 1996). Além disso, existem outros métodos diferentes, como a afinidade com a proteína A ou anticorpos monoclonais (Gonzalez *et al.,* 1996 & Zhang e McManus,1996), a interação hidrofóbica (Al-Yaman e Knobloch,1989) e a cromatografia líquida de alta eficiência (Al-Yaman e Knobloch,1989; Gonzalez *et al.,* 1996 & Zhang e McManus,1996), que foram utilizados para a purificação de antigénios *de Echinococcus.*

Os resultados relacionados com a cromatografia de permuta iónica indicaram que 0,45M de NaCl é uma concentração adequada para isolar uma quantidade considerável de AgB em comparação com as outras concentrações. Este resultado está de acordo com Gonzalez *et al.* (1996), que documentaram que 0,45M de NaCl é a melhor concentração para a separação do AgB.

Os dados documentados da eletroforese em gel do AgB registaram que o peso molecular do AgB é de 138 kDa, enquanto Oriol e Oriol (1975) registaram que o peso molecular do AgB é de 120 kDa. Gonzalez-Sapienza e Cachau (2003) e Chemale *et al.* (2005) verificaram no seu estudo que o peso molecular do AgB é de 160 kDa. Estas diferenças no peso molecular do AgB devem-se a diferenças na natureza da estirpe e do hospedeiro e à nutrição .

O valor do desempenho diagnóstico associado ao primeiro kit ELISA preparado localmente, utilizando AgB no revestimento da placa ELISA, documentou que os melhores resultados deste antigénio foram registados com IgG4, a sensibilidade foi (88,75%) e a especificidade foi (92,5%). Quando se examinou o AgB com IgG1 obteve-se a mesma especificidade e a sensibilidade foi de (85%). A sensibilidade mais baixa (63,75%) do AgB foi registada com IgG total.

Várias linhas de evidência indicaram que os soros de doentes com CE contêm todos os isótipos de anticorpos específicos para o AgB (Rigano *et al.,* 2001). khosravi *et al.* (2012) descobriram que a subclasse IgG4 apresentou a média mais elevada de valores de DO entre outras subclasses de IgG humana contra o antigénio do fluido do quisto hidático humano HCF e AgB, o que está em conformidade com o resultado do presente trabalho. Também os estudos efectuados por Siracusano *et al.*(2004) , Khabiri *et al.*(2006), Wen e Craig (1994) e Dreweck *et al.* (1997) concordam com o presente trabalho.

khosravi *et al.* (2012) indicaram que a sensibilidade era de (100%) e a especificidade de (95,8%) do ELISA - IgG total para o antigénio AgB, o que difere dos presentes dados relacionados com a sensibilidade (63,75%) e a especificidade (92,5%) .

Para o serodiagnóstico utilizando o antigénio HCF e a IgG total, Metwally e Al-Olayan, (2013) descobriram que a sensibilidade era de (72,22%) e a especificidade de (75%), este resultado contradiz os presentes dados relacionados com o AgB (um dos antigénios HCF) com a IgG total, que registou uma sensibilidade (63,75%) e uma especificidade (92,5%)

Ao utilizar a HCF como antigénio e a IgG total, Sadjjadi *et al.* (2007) mostraram que a sensibilidade do sistema ELISA era de 92,5% e a especificidade de 97,3%. Os valores preditivos positivo e negativo do sistema foram de 92,5% e 97,3%, respetivamente. Para a imunoelectrofrese contracorrente (CCIEP), a sensibilidade do ensaio foi de (97,5%) e a sua especificidade de (58,18%). Este sistema ELISA é muito mais específico na deteção de anticorpos anti-quistos hidáticos líquidos, enquanto o CCIEP é mais sensível na deteção de anticorpos anti-quistos hidáticos. Outros trabalhadores utilizaram técnicas diferentes e antigénios diferentes, como Ortona *et al.* (2005) que, utilizando a técnica de immunoblotting e EgTeg (antigénio purificado do tegumento do parasita), obtiveram uma sensibilidade (73%) e uma especificidade (44%). Por outro lado, a IgG4 específica para EgTeg apresentou uma sensibilidade (65%) e uma especificidade (89%).

Os valores de desempenho de diagnóstico das subunidades AgB mostraram valores elevados, especialmente com a subclasse IgG4, seguida da IgG1 e da IgG total. A subunidade 8 kDa registou a sensibilidade (98,75%) e a especificidade (100%) mais elevadas contra IgG4 em comparação com outras subunidades. Também as outras subunidades registaram valores elevados, sendo que as subunidades de 16 kDa apresentaram uma sensibilidade (96,25%) e uma especificidade (100%) em relação à subclasse IgG4 e 24 kDa registaram um resultado mais próximo de sensibilidade (96,25%) e especificidade (97,5%).

Haghpoush *et al.,* (2010) também concluíram que os componentes das subunidades (8-12) e 16 KDa do AgB são altamente específicos no diagnóstico da hidatidose e não apresentaram reacções cruzadas com outras doenças investigadas. O mesmo se verificou no presente estudo, em que todas as subunidades do AgB não registaram quaisquer reacções cruzadas com todas as imunoglobulinas examinadas. Também concordaram com os resultados de um trabalho recente que indicou que os componentes das três subunidades de 8/12, 16 e 20-24 kDa apresentam uma elevada sensibilidade e especificidade de diagnóstico.

O resultado de Leggatt *et al.* (1992) estava em conformidade com os dados actuais, em que a subunidade mais pequena (8-12 kDa) do AgB é reconhecida como a subunidade imunogénica mais forte em doentes com infecções equinocócicas.

Várias publicações sobre equinococose mencionaram os potenciais antigénios das FCH de baixo peso molecular por immunoblot e ELISA. Os componentes reactivos dos antigénios do fluido do quisto, 8, 16 e 24 kDa, são altamente antigénicos (Lightowlers et al., 1989). Duas bandas polipeptídicas, 8 e 16 kDa, de fluidos hidáticos de ovinos, caprinos, suínos e humanos são reconhecidas por todos os soros de hidatidose, mas não por qualquer soro de doentes com outras infecções parasitárias ou hepatite viral, ou de controlos saudáveis (Kanwar *et al.*, 1992). Através da técnica de focalização isoeléctrica, uma fração rica em antigénio B (8 kDa) do líquido do quisto de *E. granulosus* é útil na serodetecção

positiva de espécies de equinococose cística e alveolar (Ito *et al.*, 1999).
Vários estudos mostraram uma resposta elevada de anticorpos da subclasse IgG (IgG1 e IgG4) na EC humana avançada (Wen e Craig,1994). Embora os anticorpos específicos do parasita não pareçam ter um papel restritivo direto no crescimento dos metacestodes nos seres humanos, a função imunológica efectora pode ser atribuída principalmente às células T (Manfiras *et al.*,2004).
A IgG1 e a IgG4 parecem ser as subclasses de anticorpos mais activas na equinococose cística e alveolar humana (Wen e Craig, 1994). Os anticorpos IgG4 resultam de uma resposta de linfócitos Th2. No entanto, os anticorpos por si só não parecem ter um papel significativo nas respostas imunitárias eficazes do hospedeiro que podem controlar ou matar os quistos hidáticos (Chandrasekhar & Parija, 2009).
Estudos concebidos para avaliar a resposta da subclasse IgG no CE humano mostraram que os anticorpos IgG4 se correlacionam bem com a doença ativa, enquanto os anticorpos IgG1 se correlacionam com a doença inativa (Ortona *et al.*, 2005). As subclasses IgG reconhecem diferentes antigénios do fluido do quisto hidático, a subclasse IgG1 reconhece preferencialmente o antigénio 5, enquanto a IgG4 reconhece o antigénio B (Daeki *et al.*, 2000). Esta especificidade diferencial no reconhecimento de antigénios (que foi indicada em resultados autorizados recentes relacionados com a elevada sensibilidade e especificidade de IgG4 e antigénios preparados no serodiagnóstico da hidatidose) é importante no diagnóstico clínico de CE e também no estudo do mecanismo de sobrevivência do parasita. Em particular, porque a IgG4, uma subclasse normalmente associada a infecções prolongadas e crónicas (Garraud *et al.*, 2003). Estes resultados sugerem que, já durante as fases iniciais da doença, o parasita começa a criar o ambiente anti-inflamatório que melhor favorece a sua sobrevivência (Rigano *et al.*, 2004). Também outros estudos das respostas de anticorpos da subclasse IgG na EC humana avançada indicaram uma mudança da resposta predominante de IgG1 para IgG4 em doentes com EC com doença progressiva, o papel peculiar de IgG4 durante a EC tem sido extensivamente estudado e as IgG4 são efetivamente consideradas como marcadores imunológicos durante a EC (Shambesh *et al.*, 1997). Os dados registados por Rigano *et al.* (2001) estavam em conformidade com outras observações de que os anticorpos IgG4 e IgE reconhecem fortemente as três bandas de AgB em SHF com 8 ou 12, 16 e 20 ou 24 kDa (Sterla *et al.*, 1999). Rigano *et al.*, (1995) descobriram que as DOs médias mais elevadas de IgE ELISA para doentes com doença progressiva são consistentes com o

desequilíbrio Th2 observado nestes doentes, predominantemente em culturas estimuladas com AgB. O comportamento oposto da IgG4, mais elevada em doentes com doença estável ou curada, contraria as observações de Rigano *et al.* (1995) de uma regulação paralela da IgE e da IgG4 em doentes sob tratamento farmacológico. O estudo de Sterla *et al.* (1999) em doentes com EC, encontrou uma produção aumentada de IgG2 anti-carbohidratos de baixa avidez específica para bandas largas de 116, 55 e 24 kDa.

Além disso, os anticorpos IgG4 específicos do parasita podem inibir a desgranulação mediada por IgE das células efectoras, reduzindo a patologia alérgica no hospedeiro (Yazdanbakhsh *et al.*, 2002). Também Siracusano (2011) verificou que os doentes tratados com albendazol, que exibiam uma boa resposta terapêutica e clínica ao tratamento, tinham níveis significativamente mais baixos de anticorpos IgG4 séricos do que os doentes que respondiam mal ou não respondiam, enquanto os níveis de anticorpos IgG1 apresentavam uma tendência inversa. (Rigano *et al.*, 2002) confirmaram a presença de níveis mais elevados de IgG4 e IgE em doentes com doença progressiva e níveis mais elevados de IgG1 e IgG3 em doentes com doença estável. Esta indicação pode ser representada como uma boa explicação para os elevados valores de prevalência de diagnóstico registados nos doentes com HC estudados que foram incluídos em trabalhos recentes e que apresentavam uma doença progressiva antes da operação cirúrgica.

Os dados da preparação final do kit ELISA, que utiliza um PSSA para revestir a placa ELISA e testar a sua capacidade no serodiagnóstico da hidatidose, mostraram que a sensibilidade, especificidade e eficiência de diagnóstico mais baixas foram registadas com este antigénio em todas as imunoglobulinas, em comparação com outros antigénios preparados, e o melhor resultado foi registado com IgG1, em que a sensibilidade foi de (87,5%) e a especificidade de (92,5%). As mesmas observações foram também indicadas por Haghpoush *et al.* (2010), que concluíram que a utilização das subunidades PSSA e AgB aumenta a sensibilidade e a especificidade do diagnóstico da hidatidose, com níveis mais elevados de sensibilidade e especificidade pertencentes à AgB em comparação com a PSC Ag. Finalmente, verificou-se que os três componentes da subunidade Ag B podem ser utilizados como teste de diagnóstico complementar para casos especiais de hidatidose.

Em contraste com dados recentes documentados relacionados com a PSSA , Baba *et al.* (2008) interpretaram a elevada reatividade inicial de anticorpos no diagnóstico no ensaio PSSA ELISA e immunoblot com base no pressuposto de que estes doentes tinham tido um contacto intenso com material protoscolex do parasita na fase pré-diagnóstica da infeção. Estes níveis elevados de anticorpos também foram observados em doentes cujos quistos estavam fissurados. Em tal situação, os protocolexos podem facilmente tornar-se acessíveis ao sistema imunitário humano após a fissuração da parede do quisto.

Tal como foi documentado a partir da análise de dados, comparando o valor do desempenho de diagnóstico do kit ELISA IgG comercial com os do kit preparado que contém a subunidade de 8 kDa do AgB com IgG4, que representou o melhor porque registou (98,75%) de sensibilidade e (100%) de especificidade, enquanto a sensibilidade do kit comercial foi de (96,25%) e a especificidade foi de (100%), mas mostrou o melhor resultado quando comparado com os kits que contêm o mesmo antigénio com IgG total e IgG1. O kit preparado que contém 16 kDa e IgG4 apresentou o mesmo valor de desempenho de diagnóstico do kit comercial, mas os dois kits que incluíam o antigénio de 16 kDa e IgG total e IgG1 apresentaram valores ligeiramente inferiores aos do kit comercial. Também os outros três kits incluem 24 kDa com cada uma das IgG, IgG1 e IgG4 totais registaram valores ligeiramente inferiores aos do kit comercial, mas o resultado do kit comercial foi melhor do que o dos kits que contêm AgB e PSSA.

Assim, os resultados actuais indicam que a subunidade de 8 kDa do AgB com IgG4 é a melhor para o serodiagnóstico, o que pode ser explicado pelo facto de as subunidades preparadas a partir da estirpe local da província de Basra e a IgG4 serem mais adequadas para o serodiagnóstico. A IgG1 e a IgG4 parecem ser as subclasses de anticorpos mais activas na equinococose cística e alveolar humana (Wen e Craig, 1994).

Os resultados dos testes de serodiagnóstico relacionados com a variabilidade da sensibilidade e da especificidade podem depender dos mecanismos imunológicos reguladores ou efectores dos doentes, da preparação do antigénio, das caraterísticas clínicas dos doentes, incluindo o número, tamanho, localização, integridade e morfologia dos quistos (Gonzales *et al.*, 1996; Rigano *et al.*, 1998; Ortono *et al.*, 2000). Estes dados implicam que alguns antigénios são mais fortes do que outros na reação do soro humano e também que algumas subclasses de IgG são preferíveis a outras no diagnóstico dos antigénios da HCF. O intervalo varia normalmente com base no tipo de antigénio , na metodologia, na região geográfica em que o teste é realizado e também na região endémica da doença (Khosravi *et al.,*2012).

4.2 Avaliação da eficácia do AgB na imunização

A EC é, de facto, uma doença crónica e a presença de quistos durante vários meses ou anos pode ter um papel importante na modulação da produção de citocinas através da estimulação prolongada pelo antigénio do fluido do quisto. Respostas humorais e celulares caracterizadas pela elevação de alguns anticorpos séricos e citocinas (Dematteis *et al.*,2003; Rigano *et al.*, 2004).

Os presentes dados indicam que os coelhos imunizados apresentaram um nível elevado de IgG e IL-10 e um nível reduzido de IFN-γ em comparação com o grupo de controlo após dois meses de imunização com AgB. Estes resultados fornecem uma prova de que o AgB purificado é um imunogénio com capacidade para produzir anticorpos policlonais.

Embora tenha sido produzido um elevado nível de IgG total após a imunização dos ratinhos com diferentes antigénios, essas respostas imunitárias foram mais proeminentes nos ratinhos que foram imunizados com os antigénios brutos (Gottstein, 2010).

Al-Qaoud *et al.* (2008 b) verificaram que a imunização de ratinhos com HF induziu a elevação de IFN-γ e níveis baixos de IL-4, mas ainda assim superiores aos dos grupos de controlo. Este resultado pode dever-se à presença de vários antigénios com AgB na HF.

Haniloo *et al.* (2008), quando inocularam ratos com HF e AgB, verificaram que estes antigénios não eram capazes de induzir a secreção de IL-10, resultado que difere do obtido num estudo recente que registou uma elevação da IL-10 em comparação com o grupo de controlo.

Rahimi *et al.* (2011) verificaram que o nível mais elevado de anticorpos foi produzido em ratos imunizados com antigénio bruto, em comparação com outros antigénios purificados.

A maioria dos estudos sobre as citocinas CE baseia-se principalmente em experiências *in vitro*, na determinação da produção de citocinas após a estimulação de células mononucleares do sangue periférico ou células T auxiliares de doentes e saudáveis com antigénios brutos e B (Hernandez-Pomi *et al.*,1997; Rigano *et al.*, 2001). Estes estudos demonstraram um aumento da produção de algumas citocinas como o IFN-γ, IL-4 e IL-5. Outros demonstraram uma intervenção simultânea das células Th1 ou Th2 (Rogan & Craig ,1997; Ortona *et al.*, 2003).

Rahimi *et al.* (2011) verificaram que o ensaio de proliferação revelou uma produção estatisticamente significativa de citocinas nos ratinhos imunizados com antigénios brutos. Os níveis mais elevados de IFN-γ, IL12 e IL-4 foram produzidos em ratinhos imunizados com antigénio bruto e antigénio E/S dos vermes adultos de *E. granulosus* criados *in vitro*, seguidos de antigénios. Este resultado discorda do presente estudo, em que o IFN-γ diminuiu nos coelhos imunizados, o que pode ser atribuído ao facto de os antigénios bruto e E/S conterem outros antigénios que induzem uma resposta imunitária diferente.

Tal como o resultado registado no presente estudo, que se relacionou com níveis elevados de IL-10 em coelhos imunizados do que em coelhos de controlo, a mesma elevação de IL-10 foi também documentada em estudos efectuados por Ortona *et al.* (2005) e Bayraktar *et al.* (2005) em doentes humanos com hidatidose. Haralabidis *et al.* (1995) referiram que o IFN-γ e a IL-10 estavam elevados nos primeiros três meses de infeção.

Foram detectados níveis elevados simultâneos de IFN-γ, IL-4, IL-5, IL-6 e IL-10 na maioria dos doentes com EC, o que constitui uma indicação da ativação de células Th1 e Th2 na EC (Gottstein, 2010). Este resultado discorda do presente resultado quando o IFN-γ diminui em coelhos imunizados, indicando a ativação de Th 1 e concorda com o aumento de IL-10. Existe uma diferença na resposta imunitária na infeção humana, na infeção experimental com antigénio bruto e na infeção experimental com antigénio purificado devido à diversidade de antigénios encontrados na infeção humana e na infeção experimental com antigénio bruto em comparação com o antigénio purificado.

Em particular, a ativação das células Th1 parece estar mais relacionada com a imunidade protetora, enquanto a ativação das células Th2 está relacionada com a suscetibilidade à doença (Zhang *et al.*, 2003).

O estado clínico, as diferenças entre infecções primárias e recorrentes e a gravidade da expressão clínica da doença também afectam provavelmente as respostas imunológicas humanas ao parasita (Hernandez-Pomiet *al.*,1997).

Os estudos experimentais em modelos de equinococose em ratos e em equinococose humana demonstraram que o perfil de citocinas varia com a idade do quisto. Geralmente, há uma resposta Th1 na infeção precoce e uma resposta Th2 nas infecções tardias e crónicas (Rogan e Craig 1997).

Rigano *et al.* (2004) afirmaram que, nas diferentes fases da doença hidática, as células Th2 expressam IL-4, IL-5, IL-6 e IL-10 e estão associadas à suscetibilidade à doença, enquanto as células Th1 produzem IL-2, IFN-Y e estão relacionadas com a imunidade protetora (Zhang *et al.*, 2003 e Ortona *et al.*, 2003).

A avaliação da IL-10 poderia aumentar o cisto hidático.
sobrevivência e crescimento, uma vez que a IL-10 inibe a resposta imune celular efectora através da sua potente ação anti-inflamatória (Vuitton, 2003).
Dados recentes indicam uma tendência para a resposta Th2, o que também foi documentado por Bayraktar *et al.* (2005), que mostraram um aumento da IL-4 e da IL-10.
Uma caraterística geral das infecções crónicas por helmintas é que polarizam a resposta imunitária do hospedeiro para um padrão de citocinas do tipo 2, ou seja, a secreção de interleucina-4 (IL-4), IL-5 e IL-10, mas esta resposta não se correlaciona com a resistência em todos os casos (Maizels e Yazdanbakhsh, 2003). Cada vez mais provas mostram que alguns componentes parasitários desempenham um papel importante na modulação do sistema imunitário do hospedeiro, suprimindo a função de certas células imunitárias e estimulando outras células (Maizels e Yazdanbakhsh, 2003; Ouaissi, 2007). Estas infecções podem estimular as células T reguladoras, que produzem citocinas imunomoduladoras, como o fator de crescimento transformador - Beta TGF-ß e a IL-10, que desactivam as respostas imunitárias inflamatórias e protectoras (Maizels *et al.*, 2004 e Ouaissi, 2007).
O AgB *de E. granulosus* é uma molécula imunoreguladora envolvida nas interações hospedeiro-parasita responsáveis pela sobrevivência do parasita. O AgB prejudica a resposta inflamatória precoce (Sheperd *et al.*,1991). Também alargam os conhecimentos existentes ao mostrarem que o AgB influencia o equilíbrio Th1-Th2, permitindo assim a coevolução ao longo da vida da relação hospedeiro-parasita.
A noção de que um antigénio do parasita pode explorar a resposta do hospedeiro em benefício do parasita faz com que valha a pena continuar a procurar outros componentes antigénicos do SHF que favoreçam a imunidade protetora através da indução de uma polarização Th1 preferencial (Rigano *et al.*,2001).
A equinococose cística e alveolar induz dois padrões de secreção de citocinas Th1 e Th2 muito distintos. Este resultado indica que o parasita é capaz de imitar a resposta imunitária através do mecanismo de fuga ativa e que o AgB tem um papel importante na infeção por *E. granulosus*. (Shi *et al.*,2004).
Os resultados do estudo de Rigano *et al.* (2007) fornecem uma nova evidência de que o AgB *de E. granulosus* interfere com as funções das células desnaturantes (DC) do hospedeiro através de duas estratégias. Em primeiro lugar, prejudica a diferenciação dos precursores de monócitos em DCs, tornando-os incapazes de

amadurecer quando são estimulados com o lipopolissacárido LPS. Embora a supressão da diferenciação dos monócitos possa, por si só, ser suficiente para impedir ou prejudicar a resposta imunitária do hospedeiro, o AgB também modula a maturação das CD sentinela, preparando as CD para polarizar os linfócitos em células Th2 que beneficiam o parasita . Também obtiveram provas de que as DCs amadurecidas pelo AgB do parasita têm uma capacidade reduzida de responder a estímulos inflamatórios, como o LPS. Para além de inibir a atividade da elastase e a quimiotaxia dos neutrófilos, a inibição da quimiotaxia induzida pelo AgB não resulta apenas do efeito tóxico do antigénio, nem de uma perturbação do citoesqueleto, uma vez que os PMN estimulados pelo AgB mantêm plenamente a sua capacidade de migração espontânea. Esta conclusão é também apoiada por experiências com SHF. O AgB provoca uma resposta não protetora das células Th2, ajudando assim o parasita a escapar à resposta humana. Esta fuga à imunovigilância do hospedeiro é conseguida através de
AgB e outros antigénios *de E. granulosus* que interferem com a diferenciação dos monócitos e modulam a maturação das CD através dos receptores toll like (TLR) (Rigano *et al.,* 2001 & Rigano *et al.,* 2007). De forma consistente, uma mudança na resposta de citocinas para um padrão de expressão do tipo 1 em humanos ou ratos reduz o crescimento do parasita (Gottstein *et al.,* 2006). Por conseguinte, o bloqueio dos antigénios responsáveis pela indução de respostas das células Th2 do hospedeiro e dos antigénios de vacinação que induzem uma resposta das células Th1 pode ser um indicador importante para a conceção de futuras vacinas, caso seja necessário (Zhang *et al.,* 2008).

Zhang e McManus (2006) afirmaram que quando um quisto morre naturalmente, é morto por tratamento de quimioterapia ou é removido por cirurgia, as respostas Th2 diminuem rapidamente e as respostas Th1 tornam-se dominantes. Isto pode ser interpretado como se os linfócitos Th1 contribuíssem significativamente para a fase inativa da doença hidática, sendo os linfócitos Th2 mais importantes nas fases ativa e transitória. Esta interpretação indica que os produtos de *E. granulosus* têm a capacidade de converter a resposta imunitária em benefício do parasita (Naik *etal.,* 2013).

Um dos objectivos do presente estudo consistiu em esclarecer a imunogenicidade do AgB, uma vez que a informação sobre as caraterísticas estruturais dos sítios antigénicos imunodominantes do AgB não só tem um valor potencial para o desenvolvimento futuro de peptidomiméticos para diagnóstico, como também constitui um caso interessante de imunogenicidade proteica (Metwally e Al-

Olayan, 2013).

De acordo com o facto indicado por alguns trabalhadores como Rigano *et al.*(2001), que sugeriram uma ligação entre o AgB e a ativação das células Th2, um estudo recente insistiu na escolha do AgB como imunogénio para imunização e na revelação da sua capacidade para induzir essa tendência para (Th2) e testar a eficácia de cinco antigénios preparados (AgB e a sua subclasse (8, 16 e 24) kDa, para além do PSSA) no serodiagnóstico com IgG e a sua subclasse como IgG1 e IgG4 no serodiagnóstico, porque o primeiro está presente na fase aguda e o segundo na fase crónica.

Em conclusão, a partir dos dados registados, o AgB (utilizado na imunização) pode ser representado como um imunogénio relacionado com a imunomodulação e tem a capacidade de alterar os perfis de citocinas para uma tendência Th2, o que pode ser interpretado como uma evidência de que as respostas do tipo Th2 são predominantes em doentes com infecções crónicas por parasitas extracelulares e os anticorpos IgG4 resultam de uma resposta de linfócitos Th2. (Chandrasekhar e Parija, 2009).

A partir dos dados documentados, a correlação entre as duas linhas deste estudo (serodiagnóstico da hidatidose por purificação de antigénios do quisto hidático de estirpe local e imunização de coelhos pelo antigénio principal purificado do parasita) foi claramente demonstrada a partir dos resultados registados com a modulação da resposta imunitária para o lado Th2 nos coelhos imunizados pela ação do AgB na indução dessa tendência e da atividade da IgG4 no serodiagnóstico dos doentes estudados durante a fase crónica da doença. Finalmente, preparando cinco antigénios e examinando cada um deles com três imunoglobulinas estudadas para o diagnóstico da hidatidose, pode dizer-se que foram preparados 15 kits. 8 deles registaram valores de desempenho de diagnóstico (DPV) elevados e 4 registaram DPV inferiores. Também em comparação com o kit ELISA comercial, o kit de 8 kDa com IgG4 foi o melhor e o kit de 16 kDa com IgG4 deu os mesmos resultados que o kit comercial.

Capítulo 5

Conclusões

Dos resultados dos trabalhos recentes, pode concluir-se que:

1. Uma subunidade de 8 kDa do AgB foi a melhor preparação antigénica para o serodiagnóstico.
2. A eficiência de diagnóstico do kit preparado contendo a subunidade de 8 kDa do AgB e IgG4 foi superior à eficiência de diagnóstico do kit ELISA IgG comercial.
3. As subclasses de IgG (IgG4) foram mais eficientes na deteção dos antigénios.
4. O antigénio inteiro foi menos eficaz do que as subunidades no serodiagnóstico.
5. O AgB pode induzir a imunomodulação da resposta imunitária à palavra Th2bias.

Recomendações

1. Estimativa da eficiência das subunidades PSSA no serodiagnóstico da EC.
2. Determinação da indução imunitária por PSSA em coelhos imunizados.
3. Preparação de anticorpos monoclonais da subunidade 8 kDa do AgB para deteção de antigénios circulantes.
4. Preparação de antigénios moleculares para diferentes subunidades do AgB.
5. Estudar a eficácia diagnóstica da IgG1 na infeção precoce.
6. Estudar mais pormenorizadamente o modelo Th1-Th2 para explicar como o desenvolvimento de respostas imunitárias selectivas (imunidade mediada por células ou humoral) fornece a base para novas estratégias terapêuticas.

Abdi,J.; Kazemi,B.; Haniloo,A.; Mohebali,M.; Mahmoudi,M.; Rezaei,S.; Bandehpour, M.; Maghen,L. e Rokni,M.(2010). Avaliação Serológica de EgAgB16 kDa, um Antigénio Recombinante de Echinococcus granulosus para Diagnóstico de Hidatidose Humana . Iranian J Parasitol. ,5(3): 1-10.

Akobeng,A.(2006). Compreender os testes de diagnóstico 1: sensibilidade, especificidade e valores preditivos. *Found Ata Pediatrica, 96:* 338-341.

Al- Amran, F. (2008). Experiência cirúrgica de 825 pacientes com didatidose torácica no Iraque. *Indian Thorac Cardivas Surg*, 24: 124-128.

Al- Awady, A.(1990). Estudo biológico do estádio larvar de Echinococcus granulosus isolado de humanos e de outros hospedeiros intermediários em ratos balb/c. Tese de Mestrado, Universidade de Bagdade, Iraque.

Al-Azzawy ,A. (1999). Estudo comparativo da proteção de ratinhos balb/c e hamster branco contra quistos hidáticos utilizando antigénio excretor/secretor de protoscoleces e antigénios de fluido hidático. Tese de Mestrado, Universidade de Bagdade, Iraque.

Al-Dabak ,M. e AL-janabi ,T. (1990). Hyydatidosis , 1 st Pup ,Al-Etidal company Comp.Baghdad.

Al-Fadagh, Z.; Al-Hawaz, M.e Al-Badir, W. (2002).Cisto hidático hepático complicado em Basrah. *Iraqi J. of Gastroenter*, 1:27-31.

Al-Qaoud,K.; Al-Omari,M.; Al-Aghbar, M. e Abdel-Hafez,S. (2008a). Produção de anticorpos monoclonais contra a subunidade de 8 kDa do antigénio B *de Echinococcus granulosus* (EgAgB8/2) utilizando imunização por ADN. *Hybridoma,*27(6):431- 438.

Al-Qaoud,Kh.; T. Al-Quraan,L. e Abdel-Hafez,S.(2008 b). Resposta de Citocinas e Anticorpos à Imunização de Ratos BALB/C com *E.granulosus* Utilizando Várias Vias . *Jordan J of Bio Sci.*,1(3) :109 -115.

Al-Saimary,I. ; Al-Shemari,N. e Al-Fayadh,M.(2010). Caracterização molecular de antigénios extraídos de quistos hidáticos de humanos e outros hospedeiros intermediários. *Med Prac and Rev.*, 1(2):. 19-25.

Al-Yaman, F. e Knobloch, J. (1989). Isolamento e caraterização parcial de antigénios específicos da espécie e de reação cruzada do fluido do quisto de *Echinococcus granulosus. Mol Biochem Parasitol*, 37: 101-108.

Arai,K.; Lee, Miyajima,A.; Miyatake,S.; Arai, N. e Yokota,T. (1990). T Cytokines: coordinators of immune and inflammatory responses.*Annu Rev Immunol.,* 7: 145-173.

Banda, F. (2013). Prevalência e factores de risco de Echinococcus cystic em gado e humanos na província de Westren da Zâmbia. MSc. Tese, Universidade da Zâmbia, Zâmbia.

Bayraktar,M.; Mehemet,N.e Durmaz,R.(2005) . Citocinas indutoras Th1 e Th2 na equinococose cística Ata Parasitologica Turcica 29 (3): 167170.

Baz, A.; Hernandez,A.; Dematteis,S.; Carol, H. e Nieto,A. (1995). Modulação idiotípica da resposta de anticorpos de ratinhos a antigénios *de Echinococcus granulosus*. *Immunol,* 84:350-354.

Baz, A.; Richieri,A.; Puglia, A.; Nieto,A. e Dematteis,S.(1999). Resposta de anticorpos em ratinhos com depleção de CD4 após imunização ou durante a infeção precoce com *Echinococcus granulosus*. *Parasite Immunol.* ,21 (3) :141-150.

Bell, R. (1996). IgE, alergias e parasitas helmínticos: uma nova perspetiva sobre um velho enigma. *Immunol. Cell Biol*, 74:337-345.

Ben Nouir,N.; Nuñez,S.; Gianinazzi,C.; Gorcii,M.; Müller,N.; Nouri,A.; Babba,H. e Gottstein,B.(2008). Avaliação dos Antigénios do Protoscolexo Somático de Echinococcus granulosus para o Seguimento Serológico de Pacientes Cirurgicamente Jovens Tratados por Equinococose Cística. *J. Clin. Microbiol.*,46(5): 1631- 1640.

Boujan,M e Jalal,Z. (2013). Um caso raro de cistos hidáticos múltiplos primários do cérebro em uma criança de 10 anos de idade. *East Med Hea J.,* 19 : 216-219.

Bowles, J.e Mc Manus, D. (1993). Comparação das sequências do gene da NADH desidrogenase I para espécies e estirpes do género *Echinococcus*. *Int. J. Parasitol.* 23: 969-972.

Bowles, J. ; Blair, D. e Mc Manus, D. (1994). Caracterização genética molecular da estirpe cervídea ("forma do norte") de *Echinococcus granulosus*. *Parasitology*,109: 215-221.

Breyer, I. ; Georgieva, D. ; Kurdova, R. e Gottstein, R. (2004). Tipagem de estirpes de *Echinococcus granulosus* na Bulgária: o genótipo G1 é predominante em hospedeiros selvagens intermédios e definitivos. *Parasitol. Res.* 93: 127-130.

Brunetti, E. e Junghanss, T. (2009) Update on cystic hydatid disease. *Curr Opin Infect* Dis., 22(5): 497-502.

Budke, C.; Deplazes, P. e Torgerson, P. (2006). Global socioeconomic impact of cystic echinococcosis. *Emer.Infec. Dis.,* 12:296-303.

Budke, CM. e Torgerson, PR. (2006). Global socioeconomic impact of cystic echinococcosis. *Emerg Infect* Dis., 12(2): 296-303.

Busi, M. ; Snabel, V. ; Vercasia, A. ; Garippa, G. ; Perrone, V. ; De Liberato, C. e D'Amelio, S. (2007). Variação genética dentro e entre os genótipos G1 e G3 de *Echinococcus granulosus* em Itália revelada por sequenciação de ADN multilocus. *Vet. Parasitol*, 150: 75-83.

Chabalgoity,J.; Harrison,J.; Esteves,A.; Dehormaeche,R.; Ehrlich,R.; Anjam Khan,C.e Hormaeche,C. (1997) . Expressão e imunogenicidade de uma proteína de ligação a ácidos gordos de Echinococcus granulosus em estirpes de vacinas vivas atenuadas de Salmonella. Amer Soc for Microb., 65: 24022412.

Chandrasekhar,S. e Parija,S.(2009). Perfis de anticorpos séricos e de citocinas Th2 em pacientes com *equinococose* cística. *Indian J Med Res.*,130:731-735.

Chemale, G.; Haag,K.; Ferreira,H. e Zaha,A. (2001). O antigénio B *de Echinococcus granulosus* é codificado por uma família de genes. Mol. *Biochem.Parasitol.*116:233- 237.

Chemale,G.; Ferreira,H.; Barrett,J.; Brophy,P. e Zaha,A. (2005). Propriedades de ligação do ligando hidrofóbico do antigénio B *de Echinooccus granulosus*. *Biochim. Biophys. Ata*, 1747:189-194.

Chow, C.; Gauci, C.; Cowman, A.e Lightowlers, M.(2001). Uma família de genes que expressa um antigénio protetor do hospedeiro de *Echinococcus granulosus. Mol Biochem Parasitol*, 118: 83-88.

Cobo, F.; Yarnoz, C.; Sesma, B.; Fraile, P.; Aizcorbe, M.e Trujillo, R. (1998).Albendazole mais praziquantel versus albendazole sozinho como tratamento pré-operatório na equinococose intra-abdominal causada por *Echinococcus granulosus*. *Trop Med Int Health*,3:462-466.

Craig, P. (1986). Deteção de antigénio circulante específico, complexos imunes e anticorpos na hidatidose humana de Turkana (Quénia) e da Grã-Bretanha, por imunoensaio enzimático. *Parasite Immunol*, 8:171-188.

Cross, G. (1996). Variação antigénica nos tripanossomas: a superfície dos segredos lentamente. *Bioessays*, 18:283-291.

Daeki,A.; Craig,P. e Shambesh,M.(2000). Respostas de anticorpos da subclasse IgG e a história natural da equinococose cística hepática em pacientes assintomáticos. *Ann. of Trop. Med. andParasitol.*, 94(4) 319-328.

Dakkak, A.(2010). Equinococose/hidatidose: uma ameaça grave nos países mediterrânicos. *Veter. Parasitol*, 174:2-11.

Darani, H.; Avijgan ,M.; Karimi, K.; Manouchehri, K. e Masood ,J. (2003). Sero-epidemiologia da doença hidática na província de Chahar mahal va Bakhtiari, Irão. *Iranian J Pub Heal*, 32:31-3.

Dematteis, S.; Baz,A.; Rottenberg,M.; Fernandez,C.; Orn,A. e Nieto,A.(1999). Respostas de anticorpos e do tipo Thl/Th2 em ratinhos BALB/c inoculados com protoscoleces de Echinococcus granulosus vivas ou mortas. *Parasite Immunol.*,21:19- 26.

Dematteis, S.; Rottenberg, M. e Baz, A. (2003). A resposta das citocinas e o resultado da infeção dependem da dose infecciosa de parasitas na infeção experimental por *Echinococcus granulosus*. *Parasite Immunol,* 25(4): 189-197.

Dempster,R.; Harrison,G.; Berridge, M. e Heath,D. (1992). *Echinococcus granulosus*: utilização de um modelo de rato hospedeiro intermediário para avaliar fontes de antigénios protectores e um papel para o anticorpo na resposta imunitária, *Inter.J. for Parasitol.* 22(4): 435-441.

Diaz, A.; Ferreira, A.e Nieto, A.(1995). *Echinococcus granulosus*: interações com o complemento do hospedeiro na infeção secundária em ratinhos.*Exp Parasitol.*, 80: 473482.

Dinkel, A. ; Njorage, E. ; Zimmermann, A. ; Walz, M. ; Zeyhle, E. ; Elhamdi, I. Mackenstedt, U. e Roming, T. (2004). Um sistema PCR para a deteção de espécies e genótipos do complexo *Echinococcus granulosus*, com referência à situação epidemiológica na África Oriental. *Int. J.Parasitol.*, 34(5): 645-653.

Dixon, J e Jenkins,P. (1995). Imunologia das infecções por metacestodes em mamíferos. I. Antigénios, imunidade protetora e imunopatologia. *Helm.Abstr.*, 64:532-542.

Dixon, J. (1997). Equinococose. *Comp. Immunol. Microbiol. Infect.Dis.*,20:87-94.

Dreweck,C.; Luder,C.; Soboslay,P. e Kern,P.(1997). Subclasse reatividade serológica específica e reconhecimento antigénico específico de IgG4 na equinococose humana. *Trop Med e Inter Hea.*, 2(8): 779-787.

Eckert, J.e Thompson, RC. (1997). Variação intra-específica de *Echinococcus granulosus* e espécies relacionadas com ênfase na sua infecciosidade para os seres humanos. *Ata. Trop.*, 64: 19-34.

Eckert, J. ; Schantz, P. e Gasser, R. (2001). Distribuição geográfica e prevalência. In: Eckert J, Gemmell MA, Meslin F-X, Pawlowski ZS, eds. WHOI/OIE manual on echinococcosis in humans and animals: a public health problem of global concern. Paris: Wor Org for Anim Heal, 100-41.

Ergin,S.; Saribas,S.; Yuksel,P.; Zengin,K.; Midilli,K.; Adas,G.; Arikan,S.; Aslan,M.; Uysal,H.; Caliskan,R.; Oner,A.; Kucukbasmaci,O.; Kaygusuz,A.; Mamal M. e Kocazeybek,B . (2010).Caracterização genotípica de Echinococcus granulosus isolado de seres humanos na Turquia. *Jornal Africano de Investigação Microbiológica*. 4 (7):551-555.

Eris,F.; Akisu,C. e Aksoy,U.(2009). Avaliação de dois testes ELISA e dois testes de hemaglutinação indireta para o serodiagnóstico da doença hidática pulmonar. *Kor J of Parasitol,*. 47: 427-429.

Euzeby J (1991). A epidemiologia da hidatidose com especial referência à zona mediterrânica. *Parassitologia* ,33: 25-39.

Fernandez, V.; Ferreira,H.; Fernandez,C.; Zaha, A. e Nieto,A.(1996).*Caracterização* molecular de uma nova subunidade de 8-kDa do antigénio B *de Echinococcus granulosus. Biochem. Parasitol*, 77:247-250.

Ferreira, A.; Irigoin, F.; Breijo, M.; Sim, R.e Diaz, A. (2000). Como ***Echinococcus granulosus*** **lida com o complemento.** ***Parasitol Today*** **, 16: 168172.**

Frosch, P. ; Frosch,M.; Pfister,T.; Schaad,V. e Bitter-Suermann,D.(1991). Clonagem e caraterização de um antigénio de superfície principal imunodominante de *Echinococcus multilocularis. Mol. Biochem. Parasitol.* 48:121-130.

Frosch, P.;Hartmann,M.; Muhlschlegel, F.e Frosch,M. (1994). Heterogeneidade da sequência do antigénio equinocócico B. Mol. *Biochem. Parasitol.*,64:171-175.

Garraud,O; Perraut,R.; Riveau,G e Nutman, T.(2003). Classe e subclasse nas respostas de anticorpos específicos contra parasitas. *Trends Parasitol*, 19:300-304.

Getaw, A.; Beyene, D.; Ayana, D.; Megersa, B. e Abunna, F. (2010). Hidatidose: Prevalência e sua importância económica em ruminantes abatidos no matadouro municipal de Adama, Oromia Central, Etiópia. *Ata Tropica*, 113: 221-225.

Gillespie,S. e Pearson,R. (2001). Principles and practice of clinical parasitology. R. John Wiley and Sons Ltd ,Inglaterra: 585pp.

Gonzalez, G.; Nieto,A.; Fernandez,C.; Orn.A.; Wernstedt, C. eHellman, U. (1996).Dois monómeros diferentes de 8 kDa estão envolvidos na organização oligomérica do Antigénio B nativo *de Echinococcus granulosus. Parasite Immunol.*, 18:587-596.

Gonzalez-Sapienza, G.; Lorenzo,C. e Nieto,D. (2000). Melhoria do imunodiagnóstico da doença hidática cística através da utilização de um péptido sintético com maior valor de diagnóstico do que o da sua proteína-mãe, o *antigénio* B *de Echinococcus granulosus*. *Microbiol.* 38:3979-3983.

Gonzalez-Sapienza, G. e Cachau,R.(2003). Identificação de resíduos críticos de uma região imunodominante do antigénio B *de Echinococcus granulosus*.J. Biol. Chem., 278:20179-20184.

Gottstein,B.; Peter, M. ;Schantz,A.; Todorov, T.;Adrien, G.; Saimot;G.e Jacquier,P.(1986). Um estudo internacional sobre o diagnóstico diferencial serológico da equinococose cística e alveolar humana. *Boletim da Organização Mundial de Saúde*, 64 (1): 101-105.

Gottstein, B.; Haag,K.; Walker, M.; Matsumoto,J.; Mejri, N. e Hemphill,A.(2006). Estratégias moleculares de sobrevivência de *Echinococcus multilocularis* no hospedeiro murino. Parasitol. Int., 55: 45-49.

Gottstein, B.(2010). *Echinococcus* spp. e equinococose. *Ata veterinaria Scandina vica*, 52:1-5.

Grove,D.(1990).A History of Human Hilminthiology.CAB International: Wallingford. Citado por Gillespie,S. e Pearson,R. (2001). Principles andpractice of clinical parasitology. R. John Wiley and Sons Ltd ,Inglaterra: 585p.

Haghpanah,B.; Mosavat ,B.; Ghayour ,Z.e Oreizi,F. (2010). Valor de diagnóstico dos antigénios do quisto hidático utilizando o método de western blotting .*J Microbiol.*, 3(4): 175 -185.

Haniloo , A.; Ghasemi, F. Shikhi, A.e Ghavami,M. (2008) . Respostas de Citocinas Imunoreguladoras (TGF-ß e IL-10) em Ratos Inoculados com Protoscoleces e Antigénios Principais do Fluido Hidatidico da Equinococose Cística. Iranian J Parasitol, 3(3) : 18-23.

Haralabidis, S.; Karagouni,E.; Frydas,S. e Dotsika,E. (1995). Perfil de imunoglobulinas e citocinas na hidatidose secundária murina. *Parasite Immunol.* 17:625-630.

Hashemitabar,G.; Razmi,G. e Shahroozian,A. (2008). Aplicação de um kit de ensaio de imunoabsorção enzimática humana modificado para o diagnóstico de hidatidose em ovinos. *Iranian J of Vete Res.,* 9: 32-35.

Haynes, A. e Fletcher,J.(1990). Neutrophil function tests. Baillieres *Clin. Haematol.* ,3:871-887.

Helbig, M.; Frosch,P.; Kern,P. e Frosch,M. (1993). Diferenciação serológica entre equinococose cística e alveolar através da utilização de antigénios larvares recombinantes. *J. Clin. Microbiol*, 31:3211-3215.

Hemert, I.; Steesma, H.e Heusden G. (2001).14-3-3 proteins: key regulators of cell division, signalling and apoptosis. Bioessays, 23:936-46.

Hernandez-Pomi, A.; Borras-Salvador,R. e Mir-Gisbert,A,(1997). Análise dos perfis de citocinas e anticorpos específicos em doentes com hidatidose com infeção primária e recidiva da doença. *Parasite Immunol*, 19:553-561.

Himsworth, C. ; Jenkins, E.; Hill, J. ; Nsungu, M.; Ndao, M.; Andrew Thompson, R. ; Covacin, C.; Ash, A.; Wagner, B. ; Mcconnell, A.; Leighton, F e Skinner, S. (2010) Emergência de *Echinococcus granulosus* sylvatic como zoonose parasitária de interesse para a saúde pública numa comunidade indígena no Canadá. *American Journal Tro.Med. Hyg.*, 82, 643-645.

Holcman, B. e Heath, D. (1997). A vacinação contra o *Echinococcus* em perspetiva. *Ata Tropica.* ,67 :37-41.

Holcman, B.e Heath,D. (1997). As fases iniciais do desenvolvimento de *Echinococcus granulosus*. *Ata Trop.*, 64:5-17.

Hotez, P. ; Haggerty,J.; Hawdon,J.; Milstone,L.; Gamble,H.; Schad,G.e Richards,F. (1990). Metalloproteases of infective Ancylostomahookworm larvae and their possible functions in tissue invasion and ecdysis.Infect. *Immun.*, 58:3883-3892. https://encrypted-tbn0.gstatic.com/images.

Huang, J.; Li ,Z. e Zhao, W. (2006). Clonagem e análise da sequência de um gene 14-3-3 recombinante em Echinococcus granulosus da estirpe da China continental. *Ningxia Med Univ J.*, 4: 253-256.

Ioppolo,S.; Notargiacomo, S.; Profumo,E.; Franchi,C; Ortona,E.; Rigano,R. e Siarcusano,A. (1996). Respostas imunológicas ao antigénio B do líquido do quisto de *Echinococcus granulosus* em doentes com hidatidose. *Parasite Immunol,* 18(11):571-578.

Irigoyen,A. e Sanchez,C.(1995). Toxocaríase: uma causa de hiper IgE e eosinofilia. J. Investig. *Allergol. Clin. Immunol.*, 5:232-234.

Ito , A. (1997). Imunologia básica e aplicada nas infecções por cestodes: de Hymenolepis a *Taenia* e Echinococcus. *J Parasitol.*, 27 : 1203-1211.

Ito, A. ;Ma, L.e Schantz, P.(1999). Sero-diagnóstico diferencial da equinococose cística e alveolar utilizando fracções do fluido cístico de Echinococcus granulosus (antigénio B) e protoscolex de Echinococcus multilocularis (EM18). *Am J Trop Med Hyg.,* 60:188-192.

Ito, A.; Urbani, C. e Jiamin, Q. (2003). Controlo da equinococose e da cisticercose: um desafio de saúde pública para a cooperação internacional na China. *Ata Trop., 86:* 3-17.

Jenkins, P.; Dixon,J.; Rakha,N. e Carter,S.(1990). Regulação da atividade larvicida mediada por macrófagos na infeção por Echinococcus granulosus e

Mesocestoides corti (Cestoda) em ratos. *Parasitol*, 100:309-315.

Ji,L.; Na,W.; Qi ,W.e Wei,Z. (2012). *Echinococcus granulosus* 14-3-3 Proteína: Uma Potencial Candidata a Vacina Contra o Desafio com *Echinococcus granulosus* em Ratos. *Biomed Environ Sci., 25:* 352-358.

Kanazawa, T.; Asahi,H.; Hata,H.; Mochida,K.; Kagei,N. e Stadecker,M. (1993). A geração dependente de arginina de intermediários de azoto reativo é fundamental na morte in vitro de protoscoleces de Echinococcus multilocularis por macrófagos activados. *Parasite Immunol*, 15:619-623.

Kanwar, J.; Kaushik, S. e Sawhney, I.(1992). Anticorpos específicos no soro de pacientes com hidatidose reconhecidos por immunoblotting. *J Med Microbiol*, 36:46-51.

Kern. P.; Bardonnet, K. ;Renner, E.; Auer, H.; Pawlowski,Z.; Ammann, R. e Vuitton, D. (2003). Registo Europeu de Equinococose. European echinococcosis registry: human alveolar echinococcosis, Europe, 1982-2000. *Emerg Infect Dis.*, 9:343-349.

Khabiri,A.; Bagheri,F.; Assmar,M. e Siavashi,M.(2006). Análise de anticorpos específicos da subclasse IgE e IgG para o diagnóstico de *Echinococcus granulosus*, *Parasite Immunol.*,28(8): 357-362.

Khedery, A.; Barnwell J.eGalinski M. (1999). Expressão específica do estágio 143-3 em Plasmodium assexuado no estágio sanguíneo. *Mol. Biochem Parasitol,* 102:117-30.

Khosravi,A. ; Ghafourian,S.; Shamsi,M.; Sadeghifard,N.; Maleki,A. e Babaahmadi,E.(2012). Reação cruzada entre os antigénios brutos do fluido do quisto hidático de origem humana e animal em resposta à classe e subclasses de IgG humana. J of Parasitol Res., Artigo ID 947948, 8 páginas.

Kizaki, T.; Kobayashi,S.; Ogasawara,K.; Day,N.; Good,R. e Onoe,K. (1991). Supressão imunitária induzida por protoscoleces de *Echinococcus multilocularis* em ratinhos. Evidência da presença de células supressoras CD8dull em baços de ratinhos infectados intraperitonealmente com *E. multilocularis.J. Immunol.* 147:1659-1666.

Kizaki, T.; Ishige,M.; Bingyan,W.; Day,N.; Good,R. e Onoe, K.(1993). Generation of CD8 suppressor T cells by protoscoleces of *Echinococcus multilocularis* in vitro. *Immunol*, 79:412-417.

Koyama T. (2001).Um homólogo da proteína 14-3-3 é expresso em estágios enteroepiteliais felinos de Toxoplasma gondii. *Vet. Parasitol,* 96: 65-74.

Kuchenmeister,F.(1857).On animal and vegetable parasites of the humanbody.

Soc.Sydenham Lond., 1: 192-243. Citado por Gillespie,S. e Pearson,R. (2001). Princípios e prática da parasitologia clínica. R. John Wiley and Sons Ltd ,Inglaterra: 585p.

Laemmli, U.K. (1970). Clivagem de proteínas estruturais durante a montagem da cabeça do bacteriófago T4. *Natr.*(227): 680- 688.

Lascano, E. F. ; Coltorti, E.A. and Varela Diax, V.M. (1975).Finestructure of the germinal membrane of *Echinococcus granulosus* cysts," *Journal of Parasitology*, 61(5): 853-860.

Law , B. A. e Reiter , B. (1977) . O isolamento e as propriedades bacteriostáticas da lactoferrina do soro de leite bovino. *J. Dairy Res.*, 44:595- 599.

Leggatt, G.; Yang, W e McManus, D. (1992). Avaliação serológica da subunidade de 12 kDa do antigénio B no fluido do quisto de *Echinococcus granulosus* por análise de immunoblot. *Trans R Soc Trop Med Hyg.*, 86:1-4.

Leggatt, G. e McManus,D. (1994). Identificação e valor de diagnóstico de um epítopo de anticorpo importante no antigénio de 12 kDa do fluido do quisto de Echinococcus granulosus (doença hidática). *Parasite Immunol*, 16:87-96.

Lightowlers, M.; Flisser, A.; Gauci,C. e Heath D. (2000). Vacinação contra a cisticercose e a doença hidática. *Parasitol. Tod.*, 16: 191-6.

Lightowlers, M.; Gauci, C.; Chow ,C.; Drew, D.;Gauci, S.; Heath, D.; Jackson, D.; Dadley-Moore, D. e Read, A.(2003). Molecular and genetic characterisation of the host-protective oncosphere antigens of taeniid cestode parasites. *Int J Parasitol*, 33: 1207-1217.

Lightowlers, M.;Liu, D.; Haralambous, A. e Rickard,M.(1989). Composição de subunidades e especificidade dos principais antigénios do fluido de quisto de Echinnococcus granulosus. *Mol Biochem Parasitol*, 37:171-182.

Lightowlers, M.; Jensen, O.; Iriate, J. e Woollard ,D. (1999). Ensaios de vacinação na Austrália e na Argentina confirmam a eficácia da vacina contra a hidatidose EG95 em ovinos. *Int. J Parasitol*, 29: 531-534.

Lorenzo,C.; Ferreira,H.; Monteiro,K.; Rosenzvit,M.; Kamenetzky,L.; García,H.; Vasquez,Y.; Naquira,C.; Sánchez,E.; Lorca,M.; Contreras,M.;Last,J. e González-Sapienza1,G.(2005). Análise comparativa do desempenho diagnóstico de seis antigénios principais *de Echinococcus granulosus* avaliados num estudo multicêntrico aleatório e duplamente cego. *J Clin Microbiol,* 43(6): 2764-2770.

Mahmoud, M. e Abou Gamra, M.(2004). Fosfatase alcalina de metacestodes *de Echinococcus granulosus* para imunodiagnóstico da equinococose quística humana. *J.Egypt. Soc. Parasit.*, 34: 865-879.

Maizels, R. e Yazdanbakhsh, M.(2003). Immune regulation by helminth parasites: cellular and molecular mechanisms. *Nat Rev Immunol*, 3(9):733- 744.

Maizels, R. ;Balic, A.; Gomez-scobar, N. Nair, M.; Taylor, M.e Allen, J. (2004). Helmintos parasitas - mestres da regulação. *Immunol Rev.* , 201(1):89-116.

Mamuti,W.; Yamasaki,H.; Sako ,Y.; Nakaya,K.; Nakao,M.; Lightowlers,M. e Ito, A.(2002). Utilidade do fluido de quisto hidático de *Echinococcus granulosus* desenvolvido em ratos com infeção secundária para o diagnóstico de equinococose quística em humanos. *Clinl and Diagno Lab Immunol,* 9: 573576.

Manfiras, B.; Reuter, S.; Wendland,T.; Boehm, B.e Kern,P. (2004).Impedimento da geração de células T de memória Th1 CD4 na infeção hepática crónica persistente com *Echinococcus multilocularis. Int Immunol*, 16:43-50.

McManus, D. e Bryant,C.(1995). Biochemistry, physiology and molecular biology of *Echinococcus* in R. C. A. Thompson and A. J.Lymbery (ed.), *Echinococcus* and hydatid disease. C. A. B. International, Wallingford, Oxon, Reino Unido: 135- 181 pp.

Mc Manus, DP. e Thompson, RC. (2003). Molecular epidemiology ofcystic echinococcosis. *Parasitology* ,127: 37-51.

Meerkhan,A. e Abdullah,R.(2012). A epidemiologia da hidatidose em diferentes animais abatidos no matadouro de Duhok, região do Curdistão do Iraque. 2ª Conferência Internacional sobre Ciências Ecológicas, Ambientais e Biológicas (EEBS'2012) 13-14 de outubro, Bali (Indonésia).

Meeusen, E.; Walker, J.; Peters, A.; Pastoret, P. e Jungersen, G. (2007).Estado atual das vacinas veterinárias. *Clin Microbiol Rev.*, 20: 489- 510.

Metwally, D .e Al-Olayan, E.(2013). Deteção de anticorpos séricos em Ecchinococcosis: Especificidade do ensaio de imunoabsorção enzimática (ELISA) IgG da hidatidose. *Life Sci J.*,10 (1):2107-2110.

Moosa,R. e Abdel-Hafez,S. (1994). Serodiagnóstico e seroepidemiologia da hidatidose unilocular humana. *Parasitol Res.,* 80:664-671.

Moro, A.e Schantz, M. (2009) .Echinococcosis: a review. *Inter. J. of Inf.* Dis.,13:125-133.

Moro,P.; Garcia,H.; Gonzales,A.; Bonilla,J.; Verastegui,M. and Gilman,R. (2005). "Screening for cystic echinococcosis in an endemic region of Peru using portable ultrasonography and the enzyme-linked immunoelectrotransfer blot

(EITB) assay.*Parasitol. Res.*, 96(4):242-246.

Moro,P.; Budke,C.; Schantz,P.;, Vasquez, J; Santivañez, S. e Villavicencio, J.

(2011). Impacto económico da equinococose cística no Peru. PLoS Neglected Tropical Diseases, 5:e1179.

Morseth, D.J. (1967). Fine structure of the hydatid cyst and protoscolex of *Echinococcus granulosus*, *Journal of Parasitology*,

Nahhas, M.(2005). Equinococose cerebral no norte da Síria: relato de 54 casos. *Pan Arab J.of Neurosur.*, 9:39-43.

Naik,M.; Tenguria, R.; Fomda,M. e Ul-Haq,E.(2013). Deteção de citocinas séricas antes e depois do tratamento farmacológico e cirúrgico em pacientes com equinococose cística. *J Pioneer Med Sci.*, 3(4):167-170.

Nakao, M. ; Mc Manus, DP. ; Schantz, PM. ; Craig, PS. e Ito, A . (2007). A molecular phylogeny of the genus Echinococcus inferred from complete mitochondrial genomes. *Parasitology*, 134: 713-722.

Nasrieh, M. e Abdelhafez,S. (2004). *Echinococcus granulosus* na Jordânia: avaliação de várias preparações antigénicas para utilização no serodiagnóstico de casos confirmados cirurgicamente utilizando ensaios enzimáticos e o teste de hemaglutinação indireta. *Diagn. Microbiol. Infect.* Dis., 48:117-123.

Oriol, R.; Williams,J.; Perez Esandi,M. e Orio,C. (1971). Purificação de antigénios lipoproteicos de Echinococcus granulosus a partir de fluido hidático de ovinos.*Am. J. Trop. Med. Hyg.*, 20:569-574.

Oriol,C. e Oriol,R. (1975).Propriedades físico-químicas do antigénio lipoproteico de

Echinococcus granulosus .Am. J. Trop.Med. and Hyg., 24:96-100.

Ortona. E.; Rigano, R. Margutti, P., ;Notargiacomo, S.; Ioppolo,S.; Vaccari, S. ; Barca,S.; Buttari,B. ; Profumo,E.; Teggi,A. e Siracusano,A.

(2000) Antigénios nativos e recombinantes no imunodiagnóstico da equinococose quística humana. *Parasite Immunol*, 22:553- 559.

Ortona, E.; Rigano, R.; Buttari, B.; Delunardo, F.; loppolo. S.; Margutti, P.;Profumo, E.; Teggi, A.; Vaccari, S.e Siracusano, A.(2003). Uma atualização do imunodiagnóstico da equinococose quística. *Ata Trop.*, 85(2): 165171.

Ortona, E.; Margutti,P.; Delunardo,F.; Nobili,V.; Profumo,E.; Rigano,R.; Buttari,B.; Carulli, G.; Azzara,A.; Teggi,A.; Bruschi,F. eSiracusano,A. (2005). O rastreio de uma biblioteca de cDNA de Echinococcus granulosus com IgG4 de pacientes com equinococose quística identifica uma nova proteína tegumentar envolvida no escape imunitário. *Clin. Exp. Immunol.*,142:528-538.

Osman,M.(2005). Atualização em hidatidose . J of the Med. Res. Ins., 26: 287-297.

Ouaissi, A.(2007). Células reguladoras e citocinas imunossupressoras: factores derivados de parasitas induzem a polarização imunitária. J *Biomed Biotechno.*, 2007(4):94971.

Parikh,R.; Mathai,A. ; Parikh, S.; Sekhar,C. e Thomas,R. (2008). Compreender e utilizar a sensibilidade, a especificidade e os valores preditivos. *Indian J Ophthalmol,* 56(1): 45-50.

Parslow, T. ;Stites, D.;Terr, I. e Imoboden ,J.(1997). Imunologia Médica. Décima edição. McGraw-Hill. Londres: 148-166pp.

Pratt, D.;Boisvenue,R. e Cox,G. (1992). Isolamento de genes putativos de cisteína protease de *Ostertagia ostertagi. Mol. Biochem. Parasitol*, 56:39-48.

Provenzano, D. e Alderete,F. (1995). Análise das cisteíno-proteinases degradadoras de imunoglobulina humana de *Trichomonas vaginalis. Infect. Immun.*, 63:3388- 3395.

Rafeie, A.; Hemadi, A.; Maraghi, S.; Kaikhaei, B. e Craig, P. (2007). Equinococose cística humana em nómadas do Sudoeste da República Islâmica do Irão. *East Mediterr Health J.*, 13: 41-8.

Rahimi,H.; Sarkari,B. , Mohammadzadeh, T. e Sadjjadi,S. (2011). Respostas imunitárias a antigénios de vermes adultos de *Echinococcus granulosus* criados *in vitro* em ratinhos Balb/c .*Iran. J. Immunol.*, 8 (4): 236-243.

Rainbird, M. ; Macmillan,D. e Meeusen,E.(1998). Morte de larvas de Haemonchus contortus mediada por eosinófilos: efeito da ativação de eosinófilos e papel do anticorpo, complemento e interleucina-5. *Parasite Immunol, 20:93-*103.

Ramzy, R.; Helmy,M.; El Zayyat,E.; Rifaat,M.; Abdel Hameed,D. e Abdel-Baki,M. (1999). Um ensaio de imunoabsorção enzimática para a deteção de anticorpos IgG1 específicos da equinococose quística humana no Egito. *Trop. Med. Saúde Int.*, 4:616-620.

Resen, F. (1994). Estudo da possibilidade de atenuação de protoscoleces de Echinococcus granulosus por raio laser. Tese de Mestrado. Universidade de Bagdade, Iraque.

Richards, K. ; Arme,C. e Bridges, J. (1983). *Echinococcus granulosus* equinus: um estudo ultra-estrutural da resposta do tecido murino aos quistos hidáticos. *Parasitol.* ,86:407-417.

Rickard,M. e Williams,J.(1982). Hidatidose/cisticercose: mecanismos imunitários e imunização contra a infeção. *Adv. Parasitol,* 21:229-296.

Riffkin, M.; Seow,H.; Jackson,D.; Brown, L. e Wood P. (1996). Defesa contra a barragem imunitária: estratégias de sobrevivência dos helmintes. *Immunol. Cell Biol.* 74:564- 574.

Rigano, R.; Profumo,E.; Ioppolo,S.; Notargiacomo,S.; Ortona,E.; Teggi,A. e Siracusano,A. (1995). Marcadores imunológicos que indicam a eficácia do tratamento farmacológico na doença hidática humana. *Clin. Exp.Immunol.* 102:281- 285.

Rigano, R.; Profumo,E.; Teggi,A. e Siracusano,A. (1996). Produção de IL-5 e IL-6 por células mononucleares do sangue periférico (PBMC) de pacientes com infeção por *Echinococcus granulosus*. *Clin. Exp. Immunol.,* 105:456-459.

Rigano, R.; Profumo, E.; Ioppolo, S.; Notargiacomo, S.; Teggi, A. e Siracusano, A.(1998). Cytokine patterns in seropositive and seronegative patients with *Echinococcus granulosus* infection. *Immunol Lett.,* 64:5-8.

Rigano ,R.; Profumo,E.; Bruschi,F.; Carulli,G.; Azzara ,A.; Ioppolo,S.; Buttari,B.; Ortona, E.; Margutti,P.; TEGGI,A. e Siracusano,A. (2001). Modulação da resposta imunitária humana pelo antigénio B *de Echinococcus granulosus* e o seu possível papel na evasão das defesas do hospedeiro. *Infec. and Imm.,* 69:288-296 .

Riganò,R.; Ioppolo,S.e Ortona,E. (2002).Avaliação serológica a longo prazo de doentes com equinococose quística tratados com carbamatos de benzimidazol. *Clin and Exper Imm.,* 129(3): 485-492.

Rigano, R.; Buttari,B.e De Falco, E. (2004). Linhas de células T específicas de *Echinococcus granulosus* derivadas de doentes em várias fases clínicas da equinococose. *Parasite Immunol,* 26:45-52.

Rigano,R.; Buttari,B.; Profumo,E.; Ortona,E.; Delunardo,F.; Margutti,P.; Mattei,V.; Teggi,A.; Sorice,M. e Siracusano,A.(2007). *Echinococcus granulosus* Antigen B Impairs Human Dendritic Cell Differentiation and Polarizes Immature Dendritic Cell Maturation towards a Th2 Cell Response. *Infect Immun.,* 75(4): 1667- 1678.

Riley, E. ;. Dixon,J.; Kelly,D. e Cox,D. (1985). A resposta imunitária a *Echinococcus granulosus*: observações histológicas sequenciais de tecidos linforeticulares e conjuntivos durante a infeção murina precoce.*J. Comp.Pathol.,* 95:93-104.

Riley, E. e Dixon,J. (1987). Infeção experimental *por Echinococcus granulosus* em ratos: análise imunocitoquímica de populações de linfócitos em infecções linfóides locais durante o início da infeção. *Parasitol*, 94:523-532.

Rkia Azlaf, A. (2006). Estudo epidemiológico da equinococose cística em Marrocos. *Veter. Parasitol*, 137, 83-93.

Roudolphi ,C.(1808).Entozoorum sive vermium intistinalum historia naturalis ,2 vols.Treuttel et Wurtiz : paris;1370. Citado por Gillespie,S. e Pearson,R. (2001) . Principles and practice of clinical parasitology. R. John Wiley and Sons Ltd ,Inglaterra: 585p.

Rogan,M.; Craig ,P.; Zehyle,E.; Masinde,G.; Wen,H. e Zhou,P. (1992).In vitro killing of taeniid oncospheres, mediated by human sera fromhydatid endemic areas. *Ata Tropica*, 51: 291-296.

Rogan, M. e Craig, P. (1997). Imunologia das infecções por *Ecchinococcus granulosus*. *Ata Trop.*, 67: 7-17.

Romig, T. (2003). Epidemiologia da equinococose. Langenbeck *Arch Surg*, 388: 209-217.

Romig, T. ; Dinkel, A. e Mackenstedt, U. (2006). A situação atual da equinococose na Europa. *Parasitol. Int.* ,55: 187-191.

Rott ,M.; Fernandes, V.; Farias, S.; Ceni, J.; Ferreira, H.; Haag, K.e Zaha, A.

(2000). Análise comparativa de duas subunidades diferentes de AgB de Echinococcus *granulosus*; expressão da sequência de genes em *E. coli* e avaliação serológica. *Ata Trop.*, 75:331-334.

Sadjjadi ,M. (2006). Situação atual da equinococose no Médio Oriente e no Norte de África árabe. *Parasitol. Int.*, 55: 197-202.

Sadjjadi,S.; Abidi,H.; Sarkari,B.; Izadpanah,A. e Kazemian1,S. (2007). Avaliação do ensaio de imunoabsorção enzimática, utilizando o antigénio nativo B para o serodiagnóstico da hidatidose humana. *Iran.J.Immunol.*, 4 (3): 167-172.

Saeed,I. (1988). Imunização de ratos contra *Echinococcus granulosus* usando protoscoleces expostas à irradiação ultravioleta. Tese de Mestrado, Universidade de Salahaddin, Iraque.

Saeed, I.; Kapel, C.; Saida, L.; Willingham, L. e Nansen, P. (2000). Epidemiologia de *Echinococcus granulosus* na província de Arbil, norte do Iraque. *J Helminth*, 74:83-88.

Sanchez, F.; March,F.; Mercader,M.; Coll,P.; Munoz,C. e Prats,G. (1991).Localização imunoquímica dos principais antigénios do fluido hidático em proto-colecas e quistos de *Echinococcus granulosus* de origem humana. *Parasite*

Immunol, 13:583- 592.

Sandhu,P.; Attri,A. e Chandra,M.(2009). Sensibilidade diagnóstica do ensaio de imunoabsorção enzimática para IgG na doença hidática. *Ind J of Surg.*,71: 202-205.

Scheertinck, J.; Casey, G.; McWaters, P.; Kelly, J. e Woollard, D. (2001). A resposta imunitária a uma vacina de ADN pode ser modulada pela co-entrega de genes de citocinas utilizando uma estratégia de reforço de proteínas primárias de ADN. *Vac.*, 16: 4053-4060.

Schneider, R. ; Gollackner, B. ; Edel, B. ; Schmid, K. ; Wrba, F. ; Tucek , G.Walochnik, J. e Auer, H. (2008). Desenvolvimento de um novo protocolo de PCR para a deteção de espécies e genótipos (estirpes) de *Echinococcus* em tecidos fixados em informalina e embebidos em parafina. *Int. J. Parasitol.* 38: 1065-1071.

Shambesh,M.; Craig, P.; Wen,H.; Rogan, M. e Paolillo,E.(1997). Respostas de anticorpos séricos IgG1 e IgG4 em pacientes com equinococose cística assintomáticos e com expressão clínica. *Ata Tropica*, 64: 53-63.

Sheperd, J.; Aitken, A. e McManus, D. (1991). Uma proteína segregada em vivoby *Echinococcus granulosus* inibe a atividade da elastase e a quimiotaxia dos neutrófilos. *Mol Biochem Parasitol*, 44:81-90.

Sher,A. e Coffman,R. (1992).Regulação da imunidade a parasitas por células T e citocinas derivadas de células T.*Annu Rev Immunol.*,10:385-409.

Shi, D.; Li, F.; Bartholomot,B.; Vuitton, D. e Craig, P. (2004). Soro sIL-2R, TNF-alfa e IFN-gama na equinococose alveolar. *World J Gastroenterol*, 10(24): 3674-3676.

Siracusano,A.; Buttari,B.; Delunardo,F. ;Profumo, E., ;Margutti, P., ;Ortona ,E.;Riganò, R.e Teggi, A. (2004). Pontos críticos no imunodiagnóstico da equinococose quística em humanos. *Parassitologia.*, 46(4): 401- 403.

Siracusano,A.(2011).Relação hospedeiro-parasita na equinococose cística: Uma História em Evolução Imunologia Clínica e do Desenvolvimento, Volume, Artigo ID 639362, 12 páginas.

Smego, R.; Bhatti ,S.; Khalij ,A. e Asim Beg, M. (2003).Aspiração-injeção-reaspiração-drenagem percutânca mais albendazol ou mebendazol para a equinococose quística hepática: uma meta-análise.*Clin Infect* Dis., 27:1073- 83.

Smyth, J. e McManus,D.(1989). The physiology and biochemistry of cestodes. In J. D. Smyth and D. P.McManus (ed.).CambridgeUniversity Press ,United Kingdom : 53-76pp.

Snabel, V. ; D'Amelio, S. ; Mathiopoulos, K. ; Turcekova, L. e Dubinsky,

P.(2000). Provas moleculares da presença de um genótipo G7 de *Echinococcus granulosus* na Eslováquia. *J. Helminthol,* 74: 177- 181.

Spruance, S. (1974). Período de latência de 53 anos num caso de doença de quisto hidático.*Arch. Intern. Med.,* 134:741-742.

Sterla, S.; Sato, H. e Nieto,A. (1999). A infeção humana por *Echinococcus granulosus* estimula anticorpos IgG2 anti-carbohidratos de baixa avidez e anticorpos IgG4 anti-peptídeos de alta avidez. *Parasite Immunol.* 21:27-34.

Taghipour,N.; Bandepour,M.; Pazoki,R.; Haghighi,A.; Nazari Pouya,M. e Kazemi,B.(2009). Subclonagem e Expressão do Antigénio B Recombinante *de Echinococcus granulosus*, em Vetor de Expressão Pqe-30. *Iranian J of Parasitol.* , 4(4):1-9.

Tendler, M.; Vilar,M.; Brito,C.; Freire,N.; Katz,N. eSimpson,A. (1995). Vacinação contra esquistossomose e fasciolíase com o novo antígeno recombinante Sm14 - base potencial de uma vacina anti-helmíntica multivalente. *Mem. Inst. Oswaldo Cruz,* 90:255-256.

Thompson, R. e Eckert, J.(1983). Observações sobre *Echinococcus multilocularis* no hospedeiro definitivo. *Z. Parasitenkd.*, 39:335-345.

Thompson, R. C. e McManus, D. P. (2002). Towards a taxonomic revision of the genus *Echinococcus*. *Trends Parasitol*, 18: 452-457.

Torgerson, P. R. and Budke, C. M. (2003) .Echinococcosis-an international public health challenge. *Res Vet Sci.*, 74:191-202.

Touil-Boukoffa, C.; Bauvois,B.; Sanceau,J.; Hamrioui, B. e Wietzerbin, J.(1998). Produção de óxido nítrico (NO) na hidatidose humana: relação entre a produção de nitritos e os níveis de interferão-gama. *Biochimie,* 80:739744.

Uribe, N.; Siles, L.e Muro, A. (2007). A proteína recombinante Sb14-3-3zeta protege contra *Schistosoma bovis* em ratinhos BALB/c. *Vac.*, 25:4533- 4539.

Varcasia, A. ; Canu, S. ; Kogkos, A. ; Pipia, AP. ; Scala, A. ; Garippa, G. e Seimenis, A. (2007).Dados preliminares sobre a difusão e caraterização molecular da equinococose cística em pequenos ruminantes no Peloponeso, Grécia. *Parasitol. Res.* ,101: 1135-1139.

Virginio, V.;Hernandez, A.; Rott, M.; Monteiro, K.; Zandonai,A.; Nieto, A.; Zaha, A. e Ferreira, H.(2003).Um conjunto de antigénios recombinantes de Echinococcus granulosus com potencial para utilização no imunodiagnóstico da doença hidática quística humana. *Clin Exp Immunol.*;32:309-315.

Vuitton, D.(2003). O papel ambíguo da imunidade na equinococose: proteção do hospedeiro ou do parasita? *Ata Trop.*, 85(2):119-132.

Wellinghausen, N.; Gebert, P.e Kern, P. (1999). Perfil de interleucina (IL)-4, IL-10e IL-12 no soro de pacientes com equinococose alveolar. *Ata Trop.,* 73(2): 165- 174.

Wen,H. e Craig, P.(1994). Respostas das subclasses de imunoglobulina G na equinococose cística e alveolar humana. *Ame J of Trop Med and Hyg.,* 51(6): 741-748.

Woollard ,D.; Gauci ,C.; Heath ,D. e Lightowlers M. (1998). Especificidades de epítopos e respostas de anticorpos à vacina contra a hidatidose *de E. granulosus* 59. *Parasite Immunol,* 20 : 535-40.

Yacoub, A.; Bakr, S.; Hameed, A.; Al-Thamery, A. e Fartosi, M. (2006). Sero-epidemiologia de infecções zoonóticas selecionadas na região de Basra, no Iraque. *East Mediterr Health J.,* 12: 112-118.

Yazdanbakhsh,M.; Kremsner,P. e. Van Ree,R.(2002). Immunology: allergy, parasites, and the hygiene hypothesis (Imunologia: alergia, parasitas e a hipótese da higiene). Scie., 296:490-494.

Yong,W. ; Heath,D. e Van Knapen,F.(1984). Comparação de antigénios de cestodes num ensaio de imunoabsorção enzimática para o diagnóstico de infecções por *Echinococcus granulosus, Taenia hydatigena* e *Taenia ovis* em ovinos. *Res. Vet. Sci.* ,36:24-31.

Yuksel, M.; Demirpolat,G.; Sever,A.; Bakaris,S.; Bulbuloglu,E. e Elmas,N. (2007). Doença hidática envolvendo algumas localizações raras no corpo: ensaio apictorial. *Kor J of Radio,* 8:531-540.

Zangana, A. (2001).Prevalência de rutura intrabiliar de quistos hidáticos do fígado na província de Erbil. Zank J Med Sci., 5: 8-15.

Zhang, L.e McManus, D.(1996). Purificação e sequenciação de aminoácidos N-terminal do antigénio 5 *de Echinococcus granulosus. Parasite Immunol,* 18: 597-606.

Zhang ,Y.; Bickle, Q.e Taylor M. (2000). Clonagem de *Schistosoma japonicum* 14-3-3 epsilon (Sj14-3-31), um novo membro da família de proteínas 14-3-3 dos esquistossomas. Int. J. Parasitol, : 30:991-994.

Zhang, W.; You, H.; Zhang,Z.; Turson,G.; Hasyet,A. eMcManus.D.(2001) . Outros estudos sobre um modelo murino de hospedeiro intermediário que mostra que uma infeção primária por *Echinococcus granulosus* é protetora contra um desafio oncosférico subsequente. *Parasitol. Int.,* 50:279-283.

Zhang,W.; Li,J. e McManus,D.(2003) . Concepts in immunology anddiagnosis of hydatid disease, Clin. Microb. Rev., 16(1): 18-36.

Zhang, W.e McManus, D.(2006). Avanços recentes na imunologia e no diagnóstico da equinococose. *FEMS Immunol Med Microbiol,* 47:24-41.

Zhang ,W.; Ross,A. e McManus,D.(2008) . Mecanismos de imunidade na doença hidática: implicações para o desenvolvimento de vacinas. *J. of Immunol,* 181(10): 6679- 6685.

Zhang,W.; Wen,H.; Li,J.; Lin,R. e McManus,D. (2012). Imunologia e Imunodiagnóstico da Equinococose Cística: Uma atualização. Volume 2012, Artigo ID 101895, 10 páginas.

MIX
Papier aus verantwortungsvollen Quellen
Paper from responsible sources
FSC® C105338

Printed by Books on Demand GmbH, Norderstedt / Germany